工程总承包设计管理

中建八局浙江建设有限公司 组织编写

U0172393

中国建筑工业出版社

图书在版编目（CIP）数据

工程总承包设计管理 / 中建八局浙江建设有限公司
组织编写.—北京：中国建筑工业出版社，2023.11
ISBN 978-7-112-29047-5

Ⅰ.①工… Ⅱ.①中… Ⅲ.①建筑工程—承包工程—
工程管理 Ⅳ.①TU723

中国国家版本馆CIP数据核字（2023）第155233号

本书共分为7章，包括综述（工程总承包模式在国内外的发展现状、工程总承包的主要形式、目前工程项目设计管理存在的问题分析）、工程总承包项目设计管理特点与分析、工程总承包项目设计阶段的设计管理、工程总承包项目采购阶段的设计管理、工程总承包项目施工阶段的设计管理、基于BIM的设计管理探索、总结与展望。本书基于课题及作者的工程实践经验，具有较强的实用性和可操作性，可供建设行业相关从业人员参考使用。

责任编辑：王砾瑶 张 磊
责任校对：赵 颖
校对整理：孙 莹

工程总承包设计管理
中建八局浙江建设有限公司 组织编写
*
中国建筑工业出版社出版、发行（北京海淀三里河路9号）
各地新华书店、建筑书店经销
北京点击世代文化传媒有限公司制版
北京云浩印刷有限责任公司印刷
*
开本：787毫米×1092毫米 1/16 印张：10¾ 字数：214千字
2023年12月第一版 2023年12月第一次印刷
定价：**48.00**元
ISBN 978-7-112-29047-5
（41784）

本书编委会

主　　编：王　洪　孙学锋　王　涛　邓程来
副 主 编：孙翠华　杨　燕　曲柯锦　胡晓华
主　　审：倪　健　吴祥飞　韩　磊　张德财
编　　委：唐　亮　纪春明　张文津　付章勇　张　博
　　　　　凌　泉　李　广　王东磊　钟明京　王　飞
　　　　　丁明亮　周　浩　刘　培
组织编写：中建八局浙江建设有限公司

前　言

20世纪80年代以来，我国在工程建设领域积极推行工程总承包模式，目前仍处于施工总承包模式向工程总承包模式转变的过程中，如何提升工程总承包项目管理水平是值得探讨和研究的课题。

《工程总承包设计管理》正是在此背景下应运而生的，本书充分调研中国建筑第八工程局有限公司工程总承包项目运作的成功经验，从设计管理的"管理目标、组织架构、管理要领、实施过程"等方面逐一剖解分析，着重介绍了工程总承包项目各阶段设计管理的流程及要点。全书紧密联系实践，内容丰富，涵盖了工程总承包管理的全过程，具有通用性和可操作性，对指导工程总承包项目设计管理各环节具有实际意义，能有效助推企业的发展。

《工程总承包设计管理》是在中建八局设计管理总院的领导下，由中建八局浙江建设有限公司组织编写而成，并通过了有关专家的多次会审。在这里我衷心地感谢《工程总承包设计管理》的各位编写专家，他们为本书付出了辛勤劳动和聪明才智。

由于时间和条件的局限，《工程总承包设计管理》的成稿难免有不足之处，恳请广大读者不吝指正，以臻完善。

中建八局浙江建设有限公司设计总监

孙学锋

目　录

CHAPTER 1

第1章

综　述

近些年来，伴随世界经济持续发展，工程建设行业内高附加值、高技术含量和综合性项目在日益增多，国际工程项目日趋大型化、复杂化和专业化。越来越多的业主要求承包商提供更全面的服务。由于业主倾向、资源配置和综合效益等方面的优势，工程总承包模式逐渐成为工程承发包的主流模式之一。

自20世纪80年代以来，借鉴西方发达国家的经验，我国也开始积极在工程建设领域推行工程总承包，在对工程总承包模式的认识与实践上经历了一个漫长的探索过程。目前，我国工程项目管理的发展还处于向工程总承包模式的转变过程中，对工程总承包的认识也逐步深入。

工程总承包模式是指由一家承包公司向业主承担工程项目的勘察、设计、采购、施工、试运行（竣工验收）等全过程服务的工作，且以合同形式明确规定工作内容、任务及责任的一种项目实施方式。工程总承包模式反映了市场专业化分工的必然趋势和业主规避风险的客观要求，成为未来建筑业的一种重要承包模式。工程总承包模式适用于具有以下特点的项目：

（1）设计、采购、施工、试运行工作交叉和关系密切的项目；

（2）采购工作量大、周期长的项目；

（3）业主缺乏项目管理经验，项目管理能力不足的项目。

1.1　工程总承包模式在国外的发展现状

工程总承包模式最早起源于西方发达国家。鉴于传统的设计-招标-建造模式（即DBB模式）存在的诸如业主对工程监理方的信心不足、出现质量事故后责任不明、业主管理风险大等因素，西方发达国家的业主希望能寻找到新型建设模式以解决传统建设模式的不足，工程总承包模式应运而生。工程总承包项目中，工作全部发包给一家承包公司，由该公司最后向业主交付一个已达到使用条件的工程。工程总承包模式以客户需求为导向，表现为多种形式，广泛应用的主要有EPC（设计采购施工）、D-B（设计 - 施工总承包）、Turnkey（交钥匙总承包）等模式。

由于工程总承包模式在缩短工期、节约成本以及促进设计、采购、施工、试运行工作的有机融合方面的强大优势，在日益多样化的工程实施模式中，工程总承包已经突破传统承包的施工、安装范围，成为货物贸易、技术贸易和服务贸易的综合载体，并成为国际贸易中技术含量最高、发展最快、效益较好、最具竞争力的贸易形态。工程总承包模式是工程建设由粗放型经营管理模式向集约型经营管理模式转变的一种代表模式，是适应建筑市场发展方向的工程项目采购模式。它凭借在资源配置和综合效益等方面的诸多优势，逐渐成为国际建筑市场工程发包的主流模式。

以 D-B（Design-Build Contracting，设计 - 施工总承包）模式为例，这种模式是在 20 世纪 80 年代初的私人投资项目中出现的。美国设计建造学会（DBIA）对设计 - 施工模式的定义为：D-B 模式是集设计与施工方式于一体，由一个实体按照一份总承包合同承担全部的设计和施工任务。

进入 20 世纪 90 年代，D-B 模式开始在美国受到重视。根据美国设计 - 建造学会（Design-Build Institution of America）网站上的数据显示：美国非住宅市场采用"设计 - 建造"总承包（D-B）的项目比例，2000 年达到了 35%，2005 年上升到了 40%。根据 2014 年美国 RSMeans 公司的一份调查报告，目前美国有超过一半的工程采用工程总承包的方式建造。这份调查报告通过对 351 个工程项目进行统计，研究了 2005 ~ 2013 年，在美国非住宅项目中 D-B 模式市场占有率的发展趋势，如图 1.1-1 所示。

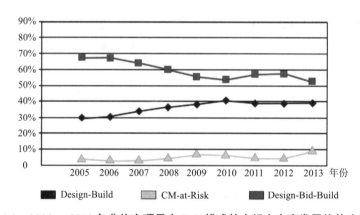

图 1.1-1　2005 ~ 2013 年非住宅项目中 D-B 模式的市场占有率发展趋势（美国）
说明：Design-Build 指 D-B 模式，CM-at-Risk 指项目管理模式，Design-Bid-Build 指传统的 DBB 模式

这项新发布的研究结果证实，自 D-B 模式急速发展以来，至今仍然保持着稳定的发展。在之前的经济衰退时期，D-B 模式在项目中所占比例仍然在持续增长，从 2005 年的 29% 增长为 2008 年的 36%。现在，随着经济的稳定和缓慢复苏，在过去的几年里，D-B 模式在项目中所占的比例一直稳定在 40% 左右。

值得注意的是，工程总承包模式的推广并不仅仅局限于建筑工程领域。根据 2015 年 12 月美国设计建造协会对交通运输领域工程项目的调查，结果显示在交通领域 D-B 模式的应用增速明显，并且仍在继续增长，其增长趋势如图 1.1-2 所示。

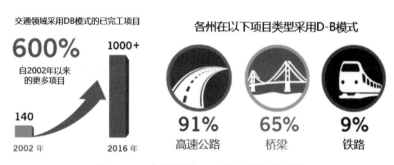

图 1.1-2　交通领域 D-B 模式的增长趋势

1.2　工程总承包模式在国内的发展现状

新中国成立以来，我国建设项目管理体制实行过多种形式。20 世纪 50 年代学习苏联，实行以建设单位为主的甲（建设单位）、乙（设计单位）、丙（施工单位）三方分担制；60 年代实行以施工单位为主的大包干制；70 年代实行以部门和地方行政领导为主的工程指挥部方式；从 80 年代开始，借鉴西方发达国家的经验，我国在工程建设领域积极推行工程总承包，对工程总承包模式进行了漫长的探索与实践。

20 世纪 80 年代以来，改革开放使国外承包商进入我国，带来了国际通行的工程项目管理方式。1984 年，国家计委、城乡建设环境保护部联合印发《工程承包公司暂行办法》，指出工程承包公司的主要任务是，在国家计划指导下，接受建设项目主管部门或建设单位的委托，对建设项目的可行性研究、勘察设计、设备询价与选购、材料订货、工程施工与竣工投产，实行全过程的总承包或部分承包，并负责对各项分包任务进行综合协调管理和监督工作。自此，我国建设项目管理体制进入了改革的新阶段，工程建设领域开始推行工程总承包和项目管理模式。

三十多年来，在我国积极深化工程建设项目组织实施方式改革，培育和发展工程总承包企业思想推动下，我国的工程总承包企业在摸索中前进，已经初步形成了具有中国特色的、以现代企业管理制度为指导的工程总承包企业群体。据统计，目前全国已有 300 多家企业开展工程总承包业务。

与此同时，与工程总承包相关的国内政策法规相继出台，对推进工程总承包企业的快速发展产生了极大的推动作用。2000 年，《关于大力发展对外承包工程的意见》在全行业内统一思想，充分认识发展对外承包工程的重要性和战略意义。2003 年 2 月，建设部印发了《关于培育发展工程总承包和工程项目管理企业的指导意见》，明确了工程总承包的基本概念和主要方式，规定凡是具有勘察、设计资质或施工总承包资质的企业都可以在企业资质等级许可的范围内开展工程总承包业务。此文件的出台，为企业开展工程总承包指明了方向。此后，2004 年建设部印发《建设工程项目管理试行办法》，2005 年颁布《关于加快建筑业改革与发展的若干意见》，提出要进一步加快建筑业产业结构调整，大力推行工程总承包建设方式。建设行政主管部门、行业协会多次召开经验交流及研讨会，采取多种方式加大工程总承包推进力度。

2019 年 12 月，住房和城乡建设部与国家发展改革委联合颁布了《房屋建筑和市政基础设施项目工程总承包管理办法》（以下简称《管理办法》），该《管理办法》是中国建筑业的重大变革，势必为建筑行业发展带来深远影响，为企业转型升级起到重要推动作用。

在《管理办法》颁布前，全国已有 29 个省、自治区、直辖市针对工程总承包模式的发展出台了相关文件及政策支撑；《管理办法》颁布后，截至 2021 年 5 月，上述 29 个省、自治区、直辖市中又有 15 个省市进一步出台了指导意见，主要体现形式为工程总承包的实施意见、管理办法、实施细则、若干措施、征求意见、招标投标管理办法等。这些省市的政策趋势及焦点，主要集中在以下几个方面。

1. 工程总承包模式的项目适用性

根据对《管理办法》颁布后的最新政策统计，各省市对采用工程总承包的项目类型认知较为统一，大多数规定：政府投资项目或国有企业投资项目应优先采用工程总承包方式，装配式建筑原则上采用工程总承包方式。个别省市要求较为特殊，如济南市要求：政府和国有资金投资的房屋、市政项目，原则上实行工程总承包模式；吉林省要求：建设内容明确、技术方案成熟的政府投资（以政府投资为主）项目应采用工程总承包模式，装配式建筑应采用工程总承包模式。

2. 工程总承包项目的发包阶段

从各地规定来看，对工程总承包的发包阶段，基本上统一规定为：政府投资项目原则上应该在初步设计审批通过后进行发包，这与国家新政的规定也较为统一。而个别省市根据自身情况有不同约定，如浙江省、山东省扩大了约定范围，要求政府投资及国有投资项目原则上在初步设计审批完成后发包；上海市还给出了政府投资项目原则上应该在初步设计批复完成后进行工程总承包项目发包的约定；辽宁省规定政府投资的房屋建筑和市政公用工程项目采用工程总承包方式的，原则上应当在初步设计审批完成后进行工程总承包项目发包，但鼓励在可行性研究批复后即开展工程总承包发包。

3. 工程总承包项目的准入问题

各地规定在《管理办法》颁布后较为统一，新出台政策的 15 个省市均明确允许参与前期项目建议书、可研编制、初步设计的单位可以参加工程总承包投标。针对此项规定，前后变化较大的是上海市，新政出台前，上海市在《关于发布〈上海市工程总承包试点项目管理办法〉的通知》中规定：工程总承包企业还不得是项目的初步设计文件或者总体设计文件的设计单位或者与其有控股或者被控股关系的机构或单位。2018 年及以前，对参与前期设计的单位能否参与后续工程总承包投标未在政策中明确的地区有：江西、山东、辽宁、四川、福建、甘肃、贵州、海南、河北、江苏、山西、陕西、天津、云南、内蒙古、宁夏、河南、安徽。

4. 工程总承包项目的资质要求

2018 年及以前，广西、广东、湖北、湖南、吉林、上海、浙江等地明确允许单一资质工程总承包商承接工程总承包项目；明确要求需同时具备设计、施工资质的有北京市（装配式建筑领域）、天津市（但不禁止单一资质组成联合体）；而浙江、四川、甘肃、贵州、海南、河北、江苏、江西、辽宁、山东、山西、陕西、云南、宁夏、河南等地并未对此有明确规定。

《管理办法》颁布后，规定较为统一，要求设计资质和施工资质，或者具有设计资质和施工资质的企业组成联合体。其中，吉林省规定，根据本地区工程总承包企业发展的实际情况，建设单位也可根据项目情况和项目特点，在符合条件的前提下，在 2023 年 6 月 30 日之前允许单一资质的设计企业或施工总承包企业作为工程总承包单位承揽项目；深圳市规定，设计 - 采购 - 施工总承包（EPC）项目招标可以按下列方式之一设置投标人资格条件：（1）具备工程总承包管理能力的独立法人单位；（2）具备与招标工程规模相适应的工程设计资质（工程设计专项资质和事务所资质除外）或施工总承包资质。

5. 工程总承包的合同计价模式

2018 年及以前，大多数省份均规定宜采取或主要采取固定总价合同，但同时也存在一定的差异：浙江省和上海市规定工程总承包合同宜采用总价包干的固定总价合同形式；江苏省和江西省虽未直接规定，但从政策文件反映强调固定总价模式；广东省规定一般应采用固定总价方式进行，根据项目特点也可采用固定单价、成本加酬金或概算总额承包的方式进行；广西壮族自治区规定主要采用固定总价、固定单价两种发包方式，暂不建议采用成本加酬金的总承包发包方式；吉林、湖北和湖南三省规定宜采用总价合同或者成本加酬金合同；而四川、福建、北京、甘肃、海南、河北、辽宁、山东、山西、陕西、云南、内蒙古、宁夏、贵州、天津、安徽、河南等地未明确工程总承包合同计价模式的规定。此外广西壮族自治区同时也是国内对于项目结余分成进行详细规范的省份，其规定如果满足"项目结余分成"条件，则按"项目结余分成"条款进行分成，湖南省也指出了给予奖励，但未明确分成条件和比例。

《管理办法》颁布后，各地对合同计价模式的规定，多数要求企业投资的工程总承包项目宜采用总价合同，政府投资的工程总承包项目应当合理确定合同价格形式，并约定采用固定总价合同的工程总承包项目在计价结算和竣工决算审核时，对包干部分不再审核，仅对合同约定的变更部分进行审核。

其中，深圳市规定招标人应当谨慎采用基于概算下浮率的方式竞价，可以采用总价包干、单位经济指标包干等计价方式，并应当在招标文件中明确引导合理价格的工程定价方法和结算原则。

6. 各省市工程总承包管理制度的创新性规定

浙江省在《关于进一步推进房屋建筑和市政基础设施项目工程总承包发展的实施意见》中规定：工程总承包单位为联合体的，鼓励建设单位按照合同约定将工程款拨付给联合体牵头人。鼓励由联合体牵头人开设农民工工资专用账户，专项用于支付该工程建设项目农民工工资。

深圳市在《关于进一步规范 EPC 项目发承包活动的通知》中规定：对于依法必须进行招标的项目，招标人有控股的施工、服务企业，或者被该施工、服务企业控股，且该企业资格条件符合《关于进一步完善建设工程招标投标制度的若干措施》第二十二条规定的，招标人可根据相关规定申请将 EPC 项目直接发包给该企业实施。

深圳市、福建省、河南省较为详细地约定了招标前应明确的建设规模、建设标准应包含的内容。

上海市规定，工程总承包项目经理不得同时在其他项目上担任任何职务。联合体承接项目的，联合体牵头单位应同时在联合体成员单位完成的勘察文件、设计文件、工程资料上共同签章；施工现场安全生产标准化、质量管理标准化、现场管理人员实名制和作业人员实名制等管理制度实施及其配套信息系统操作均由联合体牵头单位负责。

黑龙江省规定，各地实施范围内的房屋建筑和市政基础设施领域工程项目，应当采用工程总承包和全过程工程咨询模式。

1.3　工程总承包的主要形式

根据建设部《关于培育发展工程总承包和工程项目管理企业的指导意见》，我国工程总承包主要有如下方式：

（1）设计采购施工（EPC）/ 交钥匙总承包（Turnkey）

设计采购施工总承包是指工程总承包企业按照合同约定，承担工程项目的设计、采购、施工、试运行服务等工作，并对承包工程的质量、安全、工期、造价全面负责。

交钥匙总承包是设计采购施工总承包业务和责任的延伸，最终向业主提交一个满足使用功能、具备使用条件的工程项目。

（2）设计 - 施工总承包（D-B）

设计 - 施工总承包是指工程总承包企业按照合同约定，承担工程项目设计和施工，并对承包工程的质量、安全、工期、造价全面负责。

根据工程项目的不同规模、类型和业主要求，工程总承包还可采用设计 - 采购总承包（E-P）、采购 - 施工总承包（P-C）等方式。

下文中为表述方便，除特殊说明外，将以上多种类型的工程总承包模式统一表述为"工程总承包"，不再单独区分为哪种类型。

我国当前的工程总承包模式具有以下特点（表 1.3-1）。

工程总承包模式的特点 表 1.3-1

优点	缺点
工程合同价格一般采用固定总包价格，有利于控制总体工程造价	我国还没有标准的总承包合同范本，需参考国际范本，制定项目专用合同，加大前期工作的投入
工程总承包商承担了项目实施阶段的管理工作，减轻了业主方在项目管理方面的负担和投入	由于总承包模式还没有形成固定的运作方式，在实践中有各类形式，导致业主方与总承包商就某些职责划分方面出现异议
工程总承包商提前介入工程前期工作，并且可以将采购纳入设计过程，有利于工期的缩短	在我国实行建设监理制度，工程总承包商与监理职能需要明确划分
由于工程总承包商责任的单一性，能激励其更加重视质量	总承包模式对业主、工程总承包商以及监理的管理水平要求更高

可见，工程总承包模式的应用，一方面为企业转型发展提供了更多的可能，另一方面也对企业自身提出了更高的要求。长期以来，施工企业积累了丰富的施工总承包经验，擅长通过控制成本、提高施工效率来改进盈利水平。但是转型为工程总承包商以后，工程管理的范围超出单纯的工程施工和设备安装，延伸到深化设计和采购的深度交叉。对施工企业而言，面对这种变化不仅需要转变习惯于施工承包的管理思想，更重要的是要调整企业内部资源结构以适应新的建筑承包内容和运作方式。对市场资源的掌控以及对分包单位的管理成为企业核心能力。

施工企业作为工程总承包的主体，具备显著的优势：施工技术精湛、施工流程完善、善于利用丰富的施工经验和高效的施工管理水平优化工期等。同时也存在着明显的发展瓶颈，在由施工总承包企业转型为工程总承包商的过程中，普遍面临以下问题：

（1）外部环境制约。我国大型施工企业由于长期受到计划经济体制的影响和制约，企业集中度低，产品结构雷同，同质化竞争加剧。国内市场经济体制不够健全，法制化程度低，尤其在建筑领域，相关的法律和法规仍存在与国际相关的惯例、规定等不一致的地方，大部分国内施工企业对国际工程领域的惯例、规则、约定、规定等仍不够熟悉，与国际化接轨的程度比较低。

（2）观念定位调整。大型施工企业长期以来作为施工承包商，过分强调施工的职能，将企业定位为工程产品的制造商。企业要想发展必然要向高附加值的研发和营销服务方面转移，从而企业的定位也应从工程产品的制造商向工程产品的综合管理服务商转型。大型施工企业的管理层也应清醒地认识到目前国际承包市场的发展趋势及主流承包模式，尽早调整定位，面向国际市场，积极参与竞争。

（3）设计功能欠缺。目前大型施工企业的主要业务功能仍停留在施工方面，设计的职能缺乏，即使有些大型施工企业具有独立的设计部门，但是因内部机制等方面的原因，协调难度大，管理不顺畅，影响了企业设计和施工整体功能的发挥。

（4）人力资源不足。施工企业以技术人员为主，懂技术、懂管理、懂国际业务规则、懂语言的高端复合人才缺乏。

（5）管理能力低下。施工企业的项目管理能力普遍较差，并且缺少工程总承包项目需要的整体策划能力和综合管理能力。虽然大部分施工企业通常也制定了本企业的项目管理手册、作业指导书和质量管理体系，但从具体项目的现场执行情况看，项目一线的管理情况往往与之相脱节，执行力差。

通过以上分析可知，我国大型施工企业开展工程总承包业务任重道远，具有时代的紧迫性。

1.4 目前工程项目设计管理存在的问题分析

设计管理是指应用项目管理理论与技术，为完成一个预定的建设工程项目设计目标，对设计任务和资源进行合理计划、组织、指挥、协调和控制的管理过程。设计管理基于工程设计的特性，决定了设计管理具有自身特定的内涵。不同管理主体在项目建设中不同的角色和地位，赋予设计管理的内涵与侧重也有所不同。在传统的DBB工程建设模式下，除了相关参与方，设计管理的核心主体为业主方和设计方；因此，在工程项目管理中按照管理主体划分，设计管理可分为业主方的设计管理和设计方的设计管理。

1. 业主方的设计管理

业主方的设计管理有它自身的规律与特征，包括其管理层面、特点、内容、要求和侧重面等。它是业主（建设单位及其委托的项目管理单位）项目管理结构框架中的一个重要的专业性工作单元，项目管理基本职能融贯于设计管理工作，设计管理在项目建设实施中居于先行的主导地位。业主方的设计管理不仅局限于项目设计阶段的设计过程管理，而且贯穿于项目建设的全过程。因此，它更是业主（建设单位及其委托的项目管理单位）项目管理的"战略要地"之一。

2. 设计方的设计管理

设计方的设计管理主要是指设计组织以管理学的理论和方法对团体设计活动的组

织与管理，即设计管理是设计单位在设计范畴中所实施的管理活动。设计管理包括设计和管理两方面：设计需要管理，管理必须设计。因此，设计方的设计管理是设计与管理结合的产物。尤其在当今，国际化、社会化、市场化下的"设计"含义已不再单一，它包含了更多更全面的内容，提出了更高更科学的管理要求。设计要有价值，要有市场竞争力，那就必须引入现代化科学管理。有效的设计管理成为设计组织架构整个经营战略中必不可少的一个重要部分。

本书的"设计管理"主要指的是建筑工程项目中工程总承包商的设计管理。在工程总承包模式下，设计任务由总承包商承担。总承包商需要对设计分包或企业内部的设计部门进行管理，同时代替业主进行项目全周期的管理。因此，工程总承包商的设计管理同时兼具了传统 DBB 模式下业主方和设计方的设计管理的特点。

由于对设计管理的狭义理解，使我国的设计管理长期以来一直局限于对设计图纸绘制过程的控制，而没有上升到项目整体、全过程的高度来思考设计问题。这种认识，客观上导致了设计管理中系统方法的缺位。设计管理工作更是直接依赖于设计管理人员的个人经验和能力。随着项目规模和复杂程度的增加，传统的设计管理模式逐渐力不从心，无法适应建设工程项目日益突出的系统性、社会性特点，产生了很多现实问题，主要体现在以下几个方面。

（1）因进度计划缺乏科学依据而导致的管理失效

首先，工程设计进度受外部条件、人员配置、技术水平、工作态度等多方面影响，不确定因素较多；其次，工程设计进度一般由总设计师统一来确定，为简化工作环节、提高工作效率，各专业设计师往往不参与设计进度计划的修订。因此，设计大纲中要求的进度计划往往欠缺缜密研究，缺乏科学依据，指导性和操作性不强，经常出现实际工作完成时间与计划不相符的情况，导致某些工作环节延迟而影响整体工作推进的严重后果。

（2）由基础专业修改引发连锁反应破坏管理的计划性

建设工程项目投资都较大，特别是大中型工程投资更甚，往往要通过多方投资、银行借贷等融资手段来完成资金的前期筹备。在这种情况下，业主希望尽快完成工程项目的设计、施工、验收等工作，及时投入使用，以期早日收回投资、获得收益。因此，业主对工程设计期限的要求往往非常紧迫。受工程设计期限所迫，各专业往往齐头并进开展工作，导致基础专业的修改引发连锁反应，配套专业相应跟进改动，破坏管理过程的计划性和延续性，造成时间浪费和成本增加。

（3）各专业间接口衔接不当带来的管理被动

很多设计机构仍然沿用了按照专业职能分工的组织结构，各专业相对独立地开展工作，容易引发各专业间接口衔接不当，埋下工程质量隐患，给设计管理工作带来被动。围绕设计管理各环节和流程所存在的问题系统分析如图 1.4-1 所示。

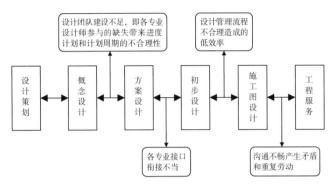

图 1.4-1　工程项目设计管理缺陷分析

　　一般而言，设计是工程总承包项目的龙头，设计工作的质量和设计管理的水平能力将直接影响整个项目的成败。在工程总承包项目管理中，设计管理有很大难度。高水平的设计管理可以降低项目风险、节约项目成本、缩短工程进度。反之，设计管理不善，可能导致承包商利益损失，甚至亏损。而这恰恰是施工企业的短板之一。

　　施工企业采用工程总承包模式承接工程项目时，必须具备相应的设计资质。一般存在以下三种方式：

　　（1）通过企业内部重组或外部招聘，成立自己的设计部门并取得相应资质。

　　（2）通过兼并、收购、控股设计院来获得设计资质。

　　（3）与具备资质的设计院组成联合体，共同进行项目投标和项目建设。

　　前两种方式可以在短期内实现设计资质的突破，使企业具备参与总承包项目角逐的资格；但是因为其"速成"的特点，也存在明显的弊端：设计团队需要内部磨合，设计人员需要逐步适应总承包项目的要求。而当企业自己的设计能力不能完全满足项目要求，或者是出于其他考虑，还需要总承包商另寻设计分包。此时设计方相当于设计分包，一般仅需要承担单一的设计工作。总承包商应成立设计管理机构、派遣专人进行设计管理工作。只有通过合理有效的设计管理，才能使企业真正实现共赢的良性发展态势。

　　第三种方式为联合体总承包模式。虽然联合体各方对业主须承担连带责任，但实际执行中主要依据联合体协议规定分别实施各自范围内的工作，并自担风险、自负盈亏。联合体为相对松散的组织，联合体项目部应由施工企业和设计企业共同委派管理人员组成，项目管理部需在联合体协议的基础上，按照各自的工作划分范围进行统一协调和资源调配，以解决各方资源配置能力不足的问题，同时避免在项目进程中各自为营的局面。此时，联合体的设计管理工作，应由施工企业和设计企业共同承担。

　　是否配备设计管理人员，并不直接影响企业的设计资质。因此施工企业在转型为总承包商的初期，往往缺乏对设计管理的足够重视，也没有专门培养或者招聘设计管理人员。特别是采用设计分包时，往往由设计方全权负责设计工作，设计管理则处于无人监管的"真空带"。一旦缺少了有效的设计管理,施工方就不能尽早介入设计工作,仍停留在"等图、按图施工"的传统工作模式,无法真正发挥出总承包模式设计施工一体化的巨大优势。

本章参考文献

[1]　谢丽芳 . 我国工程总承包企业核心竞争力研究 [D]. 长沙:中南大学,2010.

[2]　王卉 . EPC 总承包项目的设计要素研究 [D]. 天津:天津大学,2006.

[3]　陈偲勤 . EPC 总承包模式中的设计管理研究 [D]. 重庆:重庆大学,2010.

[4]　王伍仁 . EPC 工程总承包管理 [M]. 北京:中国建筑工业出版社,2014.

[5]　乔裕民,杨建中 . 工程总承包工作的回顾和展望 [J]. 南水北调与水利科技,2005,3(4):62-64.

[6]　王伍仁,罗能钧 . 从 EPC 工程总承包看大型建筑业企业的成长路径 [J]. 建筑经济,2006,279(1):34-38.

[7]　苗鲁旺 . 大型施工企业开展海外 EPC 工程总承包的策略研究 [D]. 青岛:中国海洋大学,2013.

[8]　周子炯 . 建筑工程项目设计管理手册 [M]. 北京:中国建筑工业出版社,2013.

[9]　袁晓 . 基于建筑信息模型 BIM 的建筑设计管理模式 [J]. 上海建设科技,2014(5):61-65.

[10]　屈伟萍 . 我国建设工程项目设计管理优化研究 [D]. 哈尔滨:哈尔滨工业大学,2010.

[11]　陈相 . 单体和联合体工程总承包模式对比分析 [J]. 城市建筑,2016(15):338.

第2章

工程总承包项目设计管理特点与分析

目前，我国采用工程总承包业务模式的企业多数是由工业设计单位转型而来，以石油、化工、有色金属、黑色金属行业的设计院转型最为成功和快速，形成的管理规范、管理流程更贴合设计单位的现状。近几年，施工型企业也开始逐步向工程总承包企业转型。施工型企业的主营业务和管理模式都与设计单位有明显区别，因此，对于工程总承包项目的管理模式和管理方法也不能直接照搬设计单位。

本章将在整理、归纳相关研究资料的基础上，借鉴设计型工程总承包企业的已有经验并结合施工企业的自身特点，对工程总承包模式下设计管理的基本概念、实施要领、工作目标和组织架构进行概括性阐述。

2.1 工程总承包项目设计管理的基本概念

2.1.1 设计管理的意义与定义

1. 项目管理系统理论与方法融贯于设计管理

工程设计的特性决定了设计管理具有自身的专业要素、特点、要求和侧重面。但就工程项目管理职能而言，项目管理目标、计划、控制等系统理论与方法同样适用于项目的设计管理，其投资控制、进度控制、质量控制、安全管理、合同管理、信息管理、沟通管理和组织协调等基本职能也融贯于设计管理之中。就组织架构而言，项目设计管理部门也只是项目管理组织中的一个专业性职能部门。

2. 设计管理直接关系到项目整体目标的实现程度

尽管项目管理与设计管理之间是整体和局部、主和从的关系，但设计管理这个充满专业特性的工作包的核心是通过建立一套沟通协作的系统化管理制度，解决项目全过程中业主（建设单位）与设计单位、政府有关规划、建设等主管部门、施工单位、监理单位以及其他项目参与方的组织、协作和沟通问题，按建设项目整体目标达到项目的经济、技术和社会效益的平衡。因此，这个工作包的效能强弱、业绩优劣，直接关系到项目整体目标的实现程度。

3. 设计管理贯穿于项目管理的全过程

项目的工程设计往往不能简单地划归为项目实施的一个单纯阶段，而是贯穿于项目建设的全过程。设计管理有自身的规律，它不仅限于项目设计阶段的设计过程管理，更是践行于建设项目从立项选址、可行性研究、勘察设计、开工准备、施工、竣工验收直至后评估阶段，即基本上贯穿于建设项目管理的全过程。

4. 设计过程管理是项目管理的关键性环节

设计阶段在项目周期中是一个非常重要的阶段，设计阶段的设计管理主要是设计过程管理。设计过程是实现项目策划、实施和运营衔接的关键性环节，也是项目实施阶段的"龙头"，它在一定程度上决定着建设项目目标的实现和整个项目管理的成功与否。因此，设计过程管理在项目管理整体中居于重要的地位。

工程总承包模式下的设计管理可以理解为，"项目总承包商为了满足业主要求和自身经营目标，从项目策划阶段到项目合同执行完成的过程中，围绕设计工作开展的一系列综合管理活动"。良好、深入、全面、细致的前期设计管理可以保证项目后期施工顺利进行，将不利于施工的设计变更降到相对较低的水平。施工阶段的设计配合支持及设计变更管理工作虽然对项目整体费用影响较小，但对项目验收及计量工作的顺利进行不可或缺，同样不容忽视。

2.1.2　设计管理的阶段划分

设计管理工作伴随着项目建设的始终，但按其规律和项目管理的实际需要，也应划分阶段，便于设计管理工作科学、合理、有序地进行。按照现行国家标准《建设工程项目管理规范》GB/T 50326—2017 规定，项目设计管理按项目建设周期流程可依次分为以下四个阶段：

（1）前期（分析决策）阶段。包括项目投资机会探究、意向形成、项目建议提出、建设选址、可行性研究、项目评估以及设计要求提出等分析决策过程。

（2）设计阶段（包含深化设计阶段）。主要是设计过程，包括设计准备、方案设计、初步设计、施工图设计以及会审、送审报批等。本阶段的设计过程管理是项目设计管理的重点。

（3）施工阶段。包括设计交底、协助设备材料采购、现场设计配合服务、设计变更、修改设计等过程。

（4）收尾阶段。包括参与竣工验收、竣工图纸等文件整理和归档、设计回访与总结评估等过程。

就 EPC 模式的单个工程项目来说，总承包商的设计管理过程及内容分析如图 2.1-1 所示。

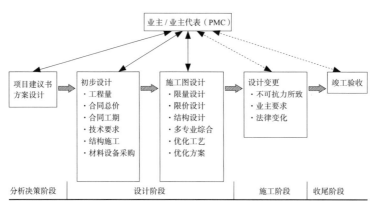

图 2.1-1 EPC 总承包商设计管理过程

2.1.3 设计管理的核心任务和主体内容

1. 设计管理的核心任务

建设项目管理的"三控"——质量控制、投资控制和进度控制是设计管理的三项基本内容。因此，项目设计管理的核心任务是项目设计管理各阶段的目标控制。即以工程项目管理的基本职能为中心，通过系统化管理制度与方法，对与项目设计相关的一系列活动进行全方位的计划、协调、监督、控制和总结评价，与业主、设计单位、政府有关主管部门、承包商以及其他项目参与方建立全面良好的协作关系，从而切实保证建设工程项目设计管理各阶段的质量目标、投资目标、进度目标得到有效控制，实现建设项目规定的目标。

2. 设计管理的主体内容

（1）项目管理主体内容是项目计划和项目控制。项目计划指的是在项目前期明确项目定义，构建项目目标以及为实现项目目标而制订计划等一系列工作；项目控制指的是在项目目标建立以后，通过组织、管理、经济、技术等措施，保证项目目标得以实现的过程。

设计管理尽管有其自身的规律与特征，但作为项目管理的专业性局部管理，主体内容同样是项目计划和项目控制。设计管理的项目计划和项目控制是使项目质量目标、费用目标和进度目标尽可能好地实现的过程。

（2）主体内容的实施环绕项目管理的核心任务而展开。设计管理从根本上来说，是通过项目前期的策划和设计过程管理，以设计文件形式把项目定义和策划的主要内容予以具体化和明确化，并作为后续阶段建设的具体指导性依据，是为了保证建设项目目标的实现而进行的。因此，项目设计管理的主体内容在各阶段的实施是围绕建设项目管理的核心任务而展开的。

具体来说，总承包商的设计过程管理活动可以分解为以下四个方面：

1）将业主提出的项目功能需求等内容反馈给合作设计单位/设计分包单位（主

要体现在设计任务书上）。

2）将总承包商自身的需求传递给合作设计单位 / 设计分包单位（主要包括设计进度和工程造价控制等）。

3）将需要业主确认的设计文件和需要业主解决的其他问题传达给业主。

4）需要设计管理人员或总承包商进行决策的问题应及时处理。

2.2　工程总承包项目设计管理的特点与实施要领

2.2.1　设计管理的特点分析

1. 管理对象和程序等交叉复杂需要综合管理

项目设计管理的对象不仅是设计单位及其设计人员，项目设计还涉及业主、项目管理（咨询）单位、政府主管部门和施工单位以及材料设备供应商等众多项目参与方，管理工作需要跨越多个组织的合作，大量的组织部署、计划决策、目标控制、沟通协调等工作界面综合，交叉复杂。再者，建设项目生命周期存在多个阶段，阶段与阶段之间存在交叉，每个阶段各环节之间和专业要素之间又互相影响。因此，为保证项目建设能协调和连贯，必须对项目进行综合管理，以提高项目的效率和效益。

2. 总承包商在设计管理中总揽全局

工程总承包模式下，总承包商受业主委托，作为实际的项目组织者，进行项目组织协调和工程建设推进。尤其在项目设计阶段设计管理中，总承包商应积极发挥主导地位，总揽设计管理全局——在与业主充分沟通的前提下，调动合作设计单位 / 设计分包单位的积极性，确保设计内容贴合业主需求，同时对质量、投资和进度三大目标进行综合把控，保证设计工作顺利实施。

总承包商在投标时应慎重选择并尊重设计单位，通过协商谈判后与选定的设计单位签订标前合作协议，明确各自的职责、工作范围、权利义务及利益。在项目实施过程中，应加强对设计过程的参与、决策、控制与协调。

需要说明的是，国内很多项目虽然采用了工程总承包模式，但是在项目全过程中业主方仍会积极参与；而国外一些项目或者外资企业在华投资的项目，业主方一般会聘请专业的项目管理（咨询）单位对项目进行监督和管理。这两种情况下，总承包商的项目管理并不是完全独立自主的。为了确保项目顺利推进，需要注意以下几个问题：

（1）项目启动前，各参与方应划分工作界面，明确各自的职责和权限，避免因内部流程烦琐耽误工程进度，或者责任不明互相推诿的情况。

（2）项目实施过程中，除业主指定的项目管理（咨询）单位外，其余所有项目参与方不能跳过总承包商直接跟业主联系。业主方 / 项目管理（咨询）单位对总承包商的工作应以监督为主，避免过度干涉。

（3）业主方/项目管理（咨询）单位的设计管理人员就位后，总承包商的设计管理人员应主动对其进行协助和配合，共同完成设计管理工作。

3.设计管理与建设行政管理关系密切

政府各主管部门或其委托机构依法对工程建设项目设计的各阶段实行设计审批、行政许可等监督管理制度，是一种代表国家意志，维护社会公众利益，依法规范建设活动的行政执法行为。其中，建设行政主管部门及其委托机构依法对工程建设项目设计过程各阶段设计文件的核准、审批、许可管理与项目设计管理工作关系尤为密切。政府对设计的监督管理制度已成为设计管理实务的流程引导和工作内容。因此，设计管理中必须遵循政府各主管部门对工程建设项目设计的管理。

4.设计过程管理是项目管理的关键性重点环节

各阶段设计文件在设计过程中产生，设计工作及其设计成果质量优劣、投资效益、进度的及时与否等都直接影响后续阶段建设的实施，并关系到项目最终交付使用后的运营效果，即项目总体目标的实现。因此，无论是在技术层面还是在经济层面，除项目前期的设计管理外，设计过程管理对项目建设具有决定性的主导作用，设计过程管理是项目管理的关键性重点环节。因此必须深切认识其意义与内涵，并对项目设计阶段的设计过程管理工作予以高度的重视。

5.现代建筑工程设计对设计管理工作提出了新的时代要求

现代建筑工程项目设计工作本身牵涉的要素越来越多，面越来越广，综合性越来越强，全面而复杂的设计内容与任务，已使其发展成为一门综合性学科。与其对应的项目设计管理工作除了项目管理知识和经验外，还必然涉及建筑、结构、设备以及规划、工程造价等各部门的设计理论与技术，为了胜任现代建筑工程设计管理工作，设计管理工作者也应不同程度地了解、熟悉、掌握这些设计知识和技术的基本内容，并能针对性地结合工程项目实际自如应用于设计管理工作中。

2.2.2 设计管理的实施要领

1.设计管理务必融入社会化、市场化运行机制

建筑工程设计是集社会、经济、技术和管理为一体的复杂而又特殊的系统性生产过程。我国自改革开放以来，建筑市场社会化、市场化运行机制已经逐步形成，设计与市场密不可分。尤其是在我国设计单位完成企业化改革，国外设计团队及建筑师进入我国并与国内设计单位合作的背景下，不仅设计方要在市场供求关系中寻求项目设计任务，实现其设计生产营利目的，设计师也希望通过市场来表达其设计理念，创作其作品，实现其设计价值。因此，当今的设计活动除了专业化技术属性外，还有综合的经营活动属性。

2.设计管理必须是针对性和差别化的有效管理

建筑工程设计特点表明，设计项目类型及其要素的个性是十分具体的，设计管理应作出积极应对，照搬照抄、千篇一律的管理模式适应不了日新月异的设计发展与创新。由于工程承发包模式、业主方项目管理形式和设计委托形式的不同，要求设计管理也应按其不同而作出相应调整。因此，针对性和差别化的设计管理才是有效的管理。这种有效管理宜在设计管理的计划、组织工作中先行贯彻落实，以期在后续的设计目标控制、设计各参与方监督、沟通协调等工作中顺利展开。

3.设计管理中强调设计经理（或设计主管）在管理中所起的主导作用

（1）设计管理由设计经理（或设计主管）负责，并适时组建项目设计管理职能部门（或组）。在项目实施过程中，设计经理（或设计主管）应接受项目经理领导，并对项目设计管理和项目经理负责。

在项目总承包形式下，在项目实施过程中，设计经理应接受项目经理和设计管理部门的双重领导。

（2）设计经理负责组织、指导、协调项目的设计管理工作，确保设计管理工作按项目目标、合同要求组织实施，在设计管理实施各阶段对质量、进度和投资进行有效控制，并做好组织内外的沟通协调和信息管理等工作。

（3）在设计管理组织中设计经理（或设计主管）是一个十分重要的角色。设计经理（或设计主管）应具备恪守职业操守和道德的信念；必须具备系统整体性管理理念；必须全面了解、深度理解所管项目在技术逻辑方面的复杂性。设计经理（或设计主管）应该是工程管理与技术的复合型通才，具有能整合各设计专业设计要素，综合诸多不同观点或倾向性意见（包括其中复杂设计技术问题），根据项目设计在不同阶段所呈现的特点实施有效管理，处事精明理性，善于沟通协调的能力。设计经理（或设计主管）应努力使设计管理组织成为一个人员专业配置合理，具有高度责任性和团队合作精神，工作配合默契且高效的团队。

（4）设计管理团队强调人力资源的专业配套

建设工程设计由各专业设计构成，无论是项目前期的策划咨询、设计过程还是其后续阶段的设计计划与控制，都需要规划、建筑、结构、设备、造价及合同等专业的行家里手在职在位（有些可阶段性在职），并尽可能是富有经验的懂技术与管理的复合型人才的集合。技术要求特殊的工程建设项目还需配备相应的专业人士参与，工业建筑项目的工艺专业人士断不可缺。大量案例表明，专业配套是设计管理组织的一个要素，也是胜任设计管理工作，实施设计管理的重要条件。尤其对于大型的技术复杂的工程建设项目，建筑、结构、设备设计以及节能、环境保护、防震、防火、智能化、装饰等专项设计之间的交叉融合要求日益提高，界面管理愈显重要。因此，设计管理团队十分强调人力资源的专业配套。

（5）设计管理工作应特别强调管理的沟通协调职能

设计管理的主要职能是通过建立一系列策划、计划、组织、控制、沟通协调的系统化管理制度与方法，着重解决设计管理工作中业主与设计单位、政府有关部门、承包商以及其他项目参与方的一系列组织和协调问题。其中，与各参与方良好的互动协作，使"共同机会"与"利益依赖"成为伙伴合作关系中的互动理念，共创互利共赢的局面成为设计管理效果的追求。尤其在国内项目中外合作设计模式下，设计经理更需直面中外双方的各种差异，注重双方的合作互动关系，加强双方沟通协调，及时化解工作方式或技术上的矛盾分歧，凝聚信心与共识。因此，设计管理的合作互动性使设计管理应特别强调其沟通协调职能。

2.3 工程总承包项目设计管理的作用

设计对工程项目全生命周期的重要影响，引起了国内外对设计管理的普遍关注。设计管理对项目的巨大作用通过项目全过程的投资、质量、进度的影响表现出来：项目规划和设计阶段决定了项目大部分的投资，也在很大程度上制约着项目建设的总体进度，设计管理对项目质量和未来的运营效率，对项目全生命周期效益都具有巨大的影响。建设项目管理的质量控制、投资控制和进度控制是设计管理的三项基本内容。因此项目设计管理的核心任务是围绕这三项基本内容而展开。

2.3.1 工程总承包项目设计管理对项目质量的影响

设计质量的好坏对工程质量的影响十分重大。无论是国外还是国内，建筑工程都是质量事故的多发地带。国外资料统计显示，民用建筑工程事故原因中，设计原因所占比重高达40.1%（表2.3-1），设计质量对于工程质量的影响是巨大的。

质量事故原因统计表 表 2.3-1

质量事故原因	所占百分比
设计责任	40.1%
施工责任	29.3%
材料原因	14.5%
使用责任	9.0%
其他	7.1%

1. 设计质量控制概述

设计质量控制目标在建设项目中的表现形式为项目设计过程及其成果的固有特性

达到规定的要求，即提供符合下列要求的各阶段设计文件成果和服务：

（1）设计应首先满足业主所需的功能和使用价值，符合业主投资的意图。

（2）符合国家法律法规、建设方针、设计原则、技术标准以及项目设计合同规定的设计要求。

（3）能作为施工等后续建设阶段实施的依据和满足项目参与方在合同、技术、经济等多方面的需求。

在项目设计管理中，相关参与主体都依法承担设计质量责任。设计质量控制，对于工程总承包企业而言，主要是对合作设计单位/设计分包的设计服务活动及其编制的设计文件的控制；当设计任务由企业内部设计部门承担时，就表现为企业内部控制。

2. 设计质量控制的基本内容

（1）设计策划

1）建设项目的设计策划工作由设计经理负责，主要任务是编制"设计实施计划"。设计经理应组织各专业负责人实施建设项目的"设计实施计划"。在设计过程中，设计经理可根据项目实施的具体情况，对"设计实施计划"进行修订或补充。

2）编制"设计实施计划"的主要依据是项目合同和组织质量管理体系设计控制中的设计策划要求。如果用户对设计有特殊要求，也应列入"设计实施计划"。"设计实施计划"应对设计输入、设计实施、设计输出、设计评审、设计验证、设计更改等设计重要过程的要求及方法予以明确。

3）设计经理应根据项目特点、业主要求和实际需要，策划、编制建设项目设计过程所需要的管理文件。应重点关注设计过程的接口管理以及策划的合理性。

（2）设计输入

设计输入包括：建设项目合同、适用法律法规及标准规范、项目有关批文和纪要、项目可研报告、项目环境影响评价报告、历史项目信息、项目基础资料以及投标书评审结果等。

设计经理负责组织各专业确定建设项目的设计输入，并组织各专业对业主提供的设计基础资料进行评审和确认，各专业负责人还应对本专业适用的标准规范版本的有效性进行评审。

（3）设计活动

1）设计开工后，各专业负责人应根据"设计实施计划"编制各专业的设计工作规定。各专业负责人负责组织本专业设计人员按专业工作流程和企业标准进行本专业的设计工作。

2）各专业负责人负责组织本专业设计人员拟定设计方案，按照设计质量管理要求，进行设计方案的比较和评审。各专业负责人负责组织本专业设计人员按照专业设计技术要求，进行本专业的工程设计工作。

3）各专业负责人负责相关专业设计条件的接受和确认，并由各专业负责人向相关专业发出设计条件。组织应建立建设项目文件和资料的发送规定，设计文件和资料的传递应按照此规定的要求执行。

（4）设计输出

1）设计输出基本要求：①满足设计输入的要求；②满足采购、施工、试运行的要求；③满足施工、试运行过程的环境、职业健康安全要求；④包含或引用制造、检验、试验和验收标准规范、规定；⑤满足建设项目正常运行以及环境、职业健康安全要求。

2）设计输出文件包括设计图纸和文件、采购技术文件和试运行技术文件。

3）设计输出文件的内容和深度应按照建设项目各有关行业的内容和深度规定的要求执行。

4）设计输出文件在提供给业主前，应由责任人进行验证和评审。

（5）设计评审

设计评审可包括设计方案评审、重要设计中间文件评审、环境和职业健康安全评审、可施工性评审和工程设计成品评审。

（6）设计验证和设计确认

为确保设计输出文件满足设计输入的要求，应进行设计验证。

1）设计验证的方式是设计文件的校审（校核、审核、审定），验证方法包括校对验算、变换方法计算、与已证实的类似设计进行比较等。

2）设计验证由规定的、有工程设计职业资格的人员按照项目文件校审规定的要求进行。需要相关专业会签的设计成品在输出前应进行会签。

3）设计验证人员在对设计成品文件进行校审后，需设计人员进行修改时，修改后的设计文件应经设计验证人员重新校审，符合要求后，设计、校审人员方可在设计文件的签署栏中签署，并按国家有关部门规定，在设计成品文件上加盖注册工程师印章。

4）为保证设计输出文件在建筑产品的使用或预期条件下满足规定要求，相关人员应该用模拟使用条件下的方式对输出文件进行验证，或由业主或使用人在预期及使用情况下进行认可，发现问题及时予以改进。设计确认结果的好坏直接关系到组织对设计过程的管理能力，是组织设计质量水平的体现。

（7）设计变更控制

1）设计变更应按有关规定进行控制。

2）工程设计成品文件在提交用户报国家或地方等有关部门审查、审批后，如需修改，由设计经理组织相关专业按审查会纪要或审查书的要求修改更新原成品文件或编制补充文件。

3）在设备制造、施工和试运行过程中，因设计不当等原因需要对设计进行修改时，由设计工程师进行设计更改。

根据工程承发包模式和设计委托形式的不同,设计管理的工作界面划分也有所不同。一般说来,在工程总承包模式中,当设计任务由总承包企业内部的设计部门承担时,第(1)~(7)项都由该设计部门负责。当采用设计分包或者联合体中标时,总承包企业应成立专门的设计管理部门,该部门主要负责第(1)、(5)、(7)项中的管理、协调工作,并在设计分包或合作设计单位完成第(6)项工作(即设计内审)后,对设计文件再次进行审核。其余工作均由设计分包或合作设计单位完成。

2.3.2　工程总承包项目设计管理对投资控制的影响

建设项目投资控制就是在投资决策阶段、设计阶段、建设项目发包阶段和建设实施阶段把建设项目投资的发生控制在批准的投资限额之内,随时纠正发生的偏差,以保证项目投资管理目标的实现,以求在各个建设项目中能合理使用人力、物力、财力,取得较好的投资效益和社会效益。由表 2.3-2 可知,对于投资者(业主)来说,设计阶段对于总造价(总成本)的影响是至关重要的。技术设计结束前的工作阶段是影响项目投资最大的阶段,约占工程项目建设周期的 1/4。本节重点阐述设计阶段投资控制的相关内容。

工程项目全生命周期各阶段对投资的影响　　　　　　　　　表 2.3-2

对投资的影响	决策阶段		实施阶段				使用阶段
	编制项目建议书	编制可研报告	方案设计	初步设计	施工图设计	施工阶段	
投资者(投资)	60% ~ 70%		20% ~ 30%				10% ~ 15%
承包商(成本)	100%		75% ~ 95%	35% ~ 75%	25% ~ 35%	0 ~ 25%	

1. 设计投资控制概述

(1)设计投资控制的释义

设计投资控制是指在设计阶段对项目投资的控制活动。即在设计阶段中进行的计划、跟踪、检查、比较、纠偏、修正、评估等动态控制活动,将实际发生的投资额控制在投资计划值以内,以实现项目投资目标。

(2)设计投资控制的作用

设计阶段的投资控制是项目前期投资决策后最为关键的阶段,对项目后续阶段的投资控制工作具有主导作用,特别是方案设计和初步设计阶段更为显见。设计投资控制贯穿于项目设计阶段的全过程,项目投资控制目标的实现,关键在于在设计阶段实施项目投资管理的科学方略，通过投资计划设置设计过程各环节的设计投资控制目标和跟踪、检查、比较、纠偏、修正、评估等一系列动态控制活动，将建设项目设计的投资费用值（工程造价）控制在项目投资计划值以内。

在设计阶段，对项目投资要经历多次之"算"，从设计准备的投资规划，方案设计的设计估算，初步设计的概算，技术设计的修正概算直至施工图设计的预算与合同价格。尽管这些仅仅是对应项目建设程序形成的投资计价文件，并未发生实际费用支出，但正是这些"算"的过程，使投资计价逐层深化、细化，准确度由低到高，不断完善，形成项目设计的投资费用值（工程造价）。也正是这些对设计投资目标的层层控制，方使设计阶段乃至整个项目的投资控制目标的实现成为可能。因此，加强设计过程的投资控制，对于提高项目的经济性和经济效益，实现项目投资管理的目标乃至整个项目目标，具有十分重要的主导意义。

（3）设计投资控制的基本原理

设计阶段是投资控制最为关键的阶段。设计阶段投资控制的基本工作原理是动态控制原理，即在项目设计的各个阶段，分析和审核投资计划值，并将不同阶段的投资计划值和实际值进行动态跟踪比较，当其发生偏离时，分析原因，采取纠偏措施，使项目设计在确保项目质量的前提下，充分考虑项目的经济性，使项目总投资控制在计划总投资范围之内。

2. 设计阶段对投资的影响和主导意义

（1）设计阶段对项目投资的影响最大

项目分析决策阶段和设计阶段对项目投资的影响重大，其中设计阶段的影响程度最大。分析成因主要在于：建筑产品及其建设过程的特征、投资费用有独特的形成规律和制度管理手段，工程建设实践的客观规律起到主要决定因素。

（2）设计阶段是项目投资控制的关键性重点阶段

通过对项目进行全生命周期的经济分析和投资管理审视可以发现，项目前期决策阶段和设计阶段对建设项目投资有着重大影响，其决定了建设项目总投资费用的基础，也决定了设计阶段对投资控制的关键性作用。

3. 设计过程投资控制的任务与流程

（1）设计过程投资控制的任务

设计过程投资控制的主要任务是在项目工程设计过程中实施投资控制。即以项目目标为纲，遵循建筑产品的特殊性、工程建设过程的综合复杂性和建设项目投资的多次计价等特点和规律，编制投资控制规划，在项目设计的全过程中，注重项目的经济性，以动态控制原理为指导，跟踪监控和审查对应的投资控制文件；采用各种科学方法和积极有效的措施，纠正投资偏差，控制设计过程各阶段所形成的项目投资费用。使设计在确保质量的前提下，将设计阶段形成的项目投资数值控制在设计投资计划值（设计限额）之内。在项目设计过程中，各设计阶段均有相对而言的投资控制目标，不同阶段投资控制的工作内容与侧重点各不相同。

（2）设计过程投资控制的流程

1）在设计准备阶段，基于项目可行性研究报告批复文件及其批准的项目投资估算，编制项目投资规划，对项目投资目标分析、论证，确定投资目标，并进行切块分解和编码。

2）在方案设计招标或竞赛文件中提出方案设计限额，审核方案设计估算，基于价值工程方法采用优化方案对设计估算作出必要调整。

3）在初步设计阶段，推行"限额设计"，严格控制项目投资计划值，重点审核设计概算，对设计概算作出评价报告和建议，必要时作出调整，如有技术设计，编制修正概算，送审报批。

4）根据批准的设计概算和项目进度表，编制设计阶段资金使用计划，并控制其执行，必要时及时作出调整。

5）在施工图设计管理中，以初步设计概算为计划值，控制施工图预算，使其不超过设计概算，并在充分满足项目设计质量的条件下，进一步节约投资。

6）在全过程设计中，进行投资计划值和实际值的动态跟踪比较，提交各种投资控制报表和报告；若发现设计可能突破投资目标的偏差，则及时分析原因，采取各种措施办法，纠正偏差。

7）在施工、材料设备采购等环节，关注建筑市场价格变化，作出必要的调查分析和技术经济比较论证；严格设计变更管理，注意检查变更设计对项目建筑功能、结构、设备和形象的利弊影响，同时充分考量其经济性。

8）在项目结算、竣工决算等控制中，正确计算、严谨对待项目收尾管理工作。有始有终地完成投资控制任务，实现设计投资控制目标。

工程总承包模式中，设计投资控制应由总承包企业的设计管理部门和造价合约部、采购部配合完成。

2.3.3　工程总承包项目设计管理对项目进度的影响

设计管理对项目计划的有效执行起着至关重要的作用，对项目进度的正确理解和主动控制是保证项目计划得到有效落实的具体工作内容。设计管理不仅是工程进度的一个重要组成部分，而且很大程度上制约着项目建设的总体进度，设计管理是项目进度控制的关键工作。

在设计活动中，设备采购与土建设计往往是制约项目总体进度的关键因素，设计与施工之间的协调配合是工程项目取得成功的最重要因素。虽然设计工作在整个建设工期中所占时间不长，但是高质量的设计文件和合理的设计进度可以为施工的顺利进行打下基础，否则，频繁的设计变更不仅会引起承包商向业主提出大量的索赔，而且还会影响到工程进度计划的实施。

1. 设计进度控制的概念

设计进度是指设计活动的顺序、活动之间的相互关系、活动持续时间和活动的总时间。设计进度控制是指在设计阶段对设计进度的控制活动，即在设计阶段为实现项目进度目标，进行的预测、跟踪、检查、比较、纠偏、修正、评估等控制活动。设计进度是建设项目进度的组成部分，也是设计合同的主要条款之一。设计进度控制是涉及多方面交叉因素的综合复杂的设计管理工作。

2. 设计进度对项目总进度的影响

设计进度对项目建设后续设计文件报批送审、招标投标、设备和材料采购、施工和其他环节的开展有直接影响，即设计进度直接关系到项目总进度目标的实现。影响项目总进度的成因通常有：

（1）项目设计的各阶段设计出图时间超过计划时间；

（2）设计文件存在完整性、准确度及深度等方面的质量缺陷，不符合后续工作要求；

（3）设计文件中的建筑、结构与设备各专业之间接口技术协调欠缺；

（4）设计变更频繁，设计调整过程时间过长；

（5）设计服务不及时等。

3. 总承包商和设计方的进度控制任务

参与项目的各方主体都有进度控制的任务，其控制的目标和时间范畴却是不相同的。在工程总承包模式下，总承包商的设计管理部门与合作设计单位或设计分包是设计管理的主要角色，对于设计进度控制既有一致，也有差异。

总承包商项目进度管理应对项目总进度和各阶段的进度进行管理，体现设计、采购、施工合理交叉，相互协调的原则。总承包商设计进度控制是项目总进度控制的重要内容。设计进度控制是保证项目各要素相互协调与连贯一致所需要的综合管理过程。

总承包商在设计阶段的设计进度控制任务主要是控制项目的设计进度。包括按项目设计合同和进度计划要求提供符合质量目标要求的各阶段设计文件和及时的设计服务等，满足施工和物资采购招标与实施等的进度要求，以保证整个项目总进度目标的实现。

合作设计单位或设计分包进度控制的任务是履行设计合同义务，按合约控制该项目的设计工作进度，按时完成各阶段设计文件编制，保证设计工作进度和施工、物资采购等工作进度相协调。

4. 设计进度控制的程序

建设项目是在动态条件下实施的，因此进度控制也就必须是一个动态的管理过程，其包括进度目标的分析和论证，在收集资料和调查研究的基础上编制进度计划，进度计划的跟踪检查与调整。

项目组织及其设计管理部门的设计进度控制程序如下：

（1）分析和论证设计进度控制目标；

（2）编制设计进度控制计划；

（3）设计进度控制计划交底，落实责任；

（4）实施设计进度控制计划，跟踪检查，对设计各阶段进度实施动态控制；

（5）对存在的问题分析原因并纠正偏差，必要时调整进度计划；

（6）编制设计进度报告，报送项目组织管理部门。

5. 设计进度控制目标

设计进度控制目标是项目建设进度目标的分目标之一。设计合同中规定了提交设计文件的最终时间，即为设计进度控制的计划目标时间。拟定设计控制进度目标的主要依据有：

（1）项目建设总进度目标对设计周期的要求；

（2）项目的技术复杂与先进程度；

（3）设计工期定额；

（4）类似工程项目的设计进度；

（5）设计委托方式，参与设计单位情况等。

6. 设计进度的影响因素和约束条件

在设计过程中，可能影响设计进度的因素和约束条件一般来自于政府部门、业主方、总承包商、设计方以及一些不可预见性因素。

（1）业主方可能影响设计进度的因素

1）决策滞后；

2）需求改变；

3）设计意图、设计要求表达不到位或逻辑性欠缺，设计过程中多有反复答疑、补充和改变；

4）设计基础资料提供不及时，主要设备选型意向延迟，对设计文件确认不及时或时间过长，沟通协调不充分。

（2）总承包商可能影响设计进度的因素

1）设计委托方式选择不合适；

2）设计管理经验少，职能管理不到位，与设计方、业主方之间缺失话语权，或对话不畅；

3）对设计文件确认不及时或时间过长，沟通协调不充分；

4）送审报批不及时等。

（3）设计方可能影响设计进度的因素

1）设计任务饱满；

2）设计管理制度或责任约束机制缺失，管理水平较低；

3）设计方因与业主方、总承包商市场地位、认知角度、设计理念的差异，对设计要求理解不一；

4）设计人员对设计任务的熟悉程度低；

5）设计人员职业操守坚守程度较低，责任意识不强；

6）设计程序失常，设计各专业之间协调配合状态不良，相互牵制；

7）设备选用、材料代用的失误；

8）项目特殊专业要求或采用新技术，技术谈判有矛盾等。

（4）政府部门可能影响设计进度的因素

1）施工图审图机构任务繁重、专业人员实际配备失实，工作效率低，审查时间过长；

2）设计文件审查的程序或办法尚欠便捷流畅，管理职责不够清晰，服务意识淡薄或责任性弱化致使制度执行不力；

3）对设计文件批复延迟不决或设计文件送审报批反复等。

（5）内外部资源和项目配套、社会协作等约束条件。

（6）出现法规政策发生变化，设计各参与方人员变动，工程勘察因故遇阻等不可预见性情况。

7. 对合作设计单位或设计分包进度控制的要求

（1）进度控制的关键节点

1）初步设计及技术设计文件的提交时间；

2）关键设备和材料采购清单的提交时间；

3）施工图设计文件的提交时间；

4）各专业设计的进度协调；

5）设计进度与施工进度的协调；

6）设计总进度时间。

（2）设计进度控制的措施

1）按设计合同的设计进度条款编制设计进度计划。在编制设计总进度计划、阶段性设计进度计划和设计进度作业计划时，加强与项目各相关参与方的协作和配合，使设计进度计划切实可行、积极可靠。

2）及时提供设计进度计划给总承包商，以利于总承包商制订控制进度计划和项目进度总目标的协调。

3）设计单位应严格执行已经双方确认的项目设计进度计划，安排进度控制人员控制进度，实行设计人员设计的进度责任制，满足计划控制目标的要求。

4）组织对全部设计依据等设计基础资料及其数据进行检查和验证，必要时报总承包商，甚至业主方确认后实施。

5）在设计过程中认真实施设计进度计划，定期检查计划的执行情况，力争设计工作有节奏、有秩序、合理搭接地进行并及时采取有效的纠偏措施对设计进度进行调整，使设计工作始终处于可控状态。

6）建立正确的设计服务观念，接受建设单位、总承包商和监理机构的监督。设计单位各专业负责人除按时完成全部设计文件编制任务外，还应满足总承包商对设计文件的需求评审、设计文件技术交底、采购过程中的技术指导、设计现场施工配合、试运行和竣工验收等工作的要求。与建设单位、总承包商做好上述设计服务工作进度协调，确保项目计划进度目标的实现。

（3）设计进度报告

设计单位应当向总承包商设计管理部门提交每月的设计进度报告。进度报告是设计单位对当月设计工作情况的小结，它应当包括以下内容：

1）设计所处阶段；

2）建筑、结构、水、暖、电等各专业当月设计内容和进展情况；

3）业主方、总承包商设计变更对设计的影响；

4）设计中存在的需要业主方、总承包商决策的问题；

5）需提供的其他参数和条件；

6）拟发出设计文件清单；

7）如出现进度延迟情况，需说明原因及拟采取的纠偏或加快进度措施；

8）对下个月进度的评估等。

（4）设计过程的进度跟踪检查

设计过程中实施设计进度跟踪检查与调整是设计进度动态控制的主要措施。

2.4　工程总承包项目设计管理的组织架构

工程总承包企业应委派工程总承包项目设计经理，并配备专业构成基本齐全的设计管理人员，组成工程总承包项目管理组织的设计管理部门，在工程总承包项目总经理的直接领导下，开展全过程的设计管理工作。

在工程总承包组织架构中，承担设计管理任务的部门可称为"设计管理部""设计协调部""设计中心"等。本书统一称为"设计管理部"。

设计管理组织架构的设置，应当综合考虑项目规模、企业设计管理能力、承担设计任务的对象等因素。我国设计型工程总承包企业，大多采用设计经理和施工经理平行的模式（图 2.4-1）。这种模式与国际工程项目管理模式基本一致。

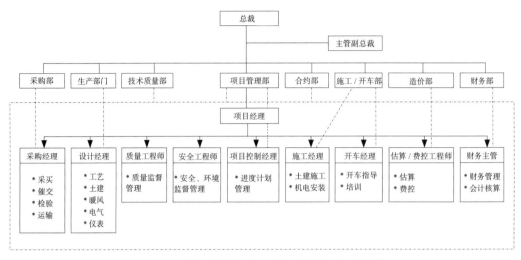

图 2.4-1　某设计型工程总承包企业项目组织架构

施工型企业在工程总承包业务开展初期，因设计管理人员配置不足和设计管理能力有限等因素，不建议照搬设计型企业的管理模式。以某公司的设计业务发展情况为例，依托公司内部的设计力量成立设计管理部，在项目总工的领导下开展设计管理工作。项目的设计管理组织架构图如图 2.4-2 所示，该项目设计管理流程如图 2.4-3 所示。

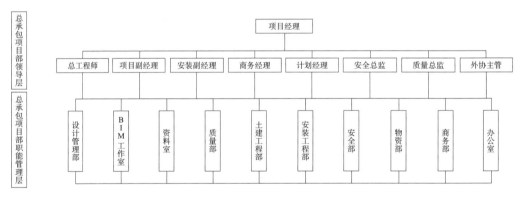

图 2.4-2　某公司某项目设计管理组织架构

随着公司内部设计团队设计能力的增强，企业内部协调能力的完善，在设立管理过程中应逐步加强设计的主导地位。该公司后期在某超大型项目中，提出了设计为主导的组织管理架构，如图 2.4-4 所示，在该组织架构中，设立设计项目经理，领导设计团队开展设计活动并进行设计管理的工作。

综上所述，经过对设计管理相关文献的查阅以及对公司项目实际实施情况的调研，并考虑一定的前瞻性，施工型企业向工程总承包企业转型过程中，设计管理组织架构的设置建议分阶段设置。

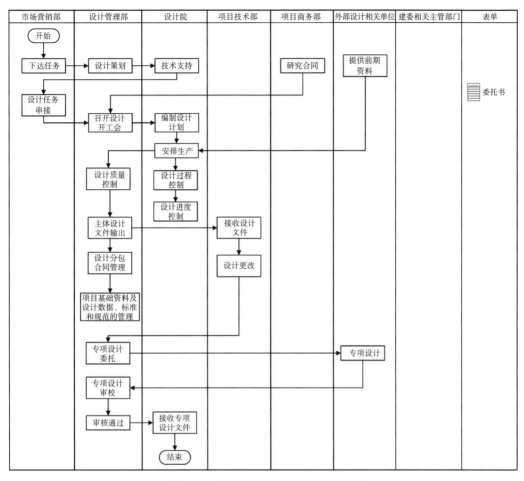

图 2.4-3 某公司某项目设计管理流程

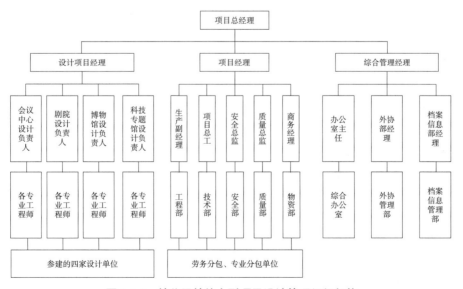

图 2.4-4 某公司某特大型项目设计管理组织架构

2.4.1 转型期设计管理组织架构

在施工企业向工程总承包转型初期，总承包企业虽然具备设计资质，但是由于企业自身的设计能力不能完全满足项目要求，或者是出于其他考虑，中标后的设计任务由设计分包（即其他设计单位）完成，此时需要设置设计管理部门。项目整体组织架构如图 2.4-5 所示。这种架构直接由施工总承包模式演变而来，改动较小，基层项目部接受度较高。设计管理部由设计经理负责，与技术部一起接受项目总工的领导。设计经理带领设计管理工程师与设计分包对接；但是与组织架构内其他部门进行配合时，仍通过项目总工下达指令，更容易被其他部门的管理人员认可。在总承包业务的起步阶段，可以采用这种组织架构方式作为过渡。

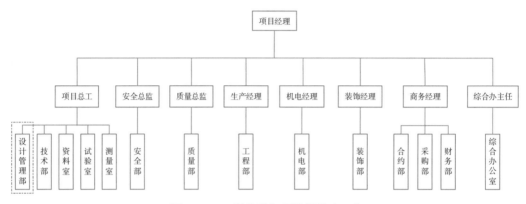

图 2.4-5　工程总承包组织架构（一）

采用设计分包时，设计管理部一般不承担具体的设计任务，仅负责设计管理相关的工作，部门主要职能包括：（1）设计协调与管理；（2）图纸审查与优化；（3）组织设计交底；（4）深化设计管理与审核。设计管理部门内部组织架构如图 2.4-6 所示。

设计管理部门的具体人员，需要根据项目规模、项目类型来配置。通常应配置设计经理一名，设计管理人员若干。设计经理管理、维持设计管理体系的运作，并对设计管理工作全面负责，分别与设计分包的设计经理、业主方的设计代表以及总承包组织架构内其他部门的负责人进行工作对接。

设计经理主要工作职责包括：

（1）保持与业主方、监理方、计划部、施工部、合约部、采购部等部门的有效沟通，保证设计、采购和施工的有序配合，全面保证项目的设计进度、质量和费用符合项目合同的要求。

（2）组织召开设计协调会，负责与其他设计分包商的管理和协调工作。

（3）图纸报批送审之前，组织总承包企业的设计管理人员进行审核，并综合考虑造价、可施工性等，提出合理的优化建议。

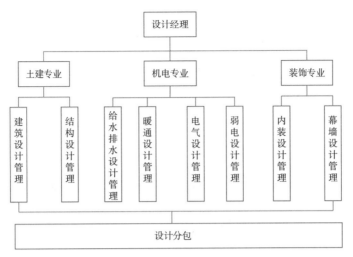

图 2.4-6 设计管理部门内部组织架构

（4）外审完成后，将正式施工图移交给项目部的其他部门（技术部、施工部等），并组织图纸会审和设计交底。

（5）参加采购部召开的供应商协调会。按期提交采购必需的技术文件，对供应商的报价进行技术评审，组织设计人员对设备深化图纸、内装深化图纸等进行审查和确认。

（6）项目施工阶段，组织设计交底，必要时派遣设计代表，审查并组织设计修改。

（7）主持深化设计工作，包括制定深化设计统一标准（内容、深度、格式等）、编制深化设计进度计划、负责深化设计的总体协调、组织设计管理人员对深化图纸进行审核等。

（8）组织设计管理人员完成其他配合现场施工的工作。

（9）项目试运行阶段，参加试运行方案的讨论，组织设计人员参加试运行前施工安装的检查，组织设计人员参加试运行、考核和验收。

设计管理人员宜根据该项目的特点，分专业（建筑、结构、给水排水、暖通、强电、弱电等）分别设置，主要负责与设计部门中对应专业的设计人员进行对接和相关的图纸审核。根据工程建设各阶段的不同需求，可以对设计管理部门的人员配备进行增减。当项目规模较小或项目性质比较简单时，也可以按土建组和机电组分别设置设计管理人员，每组至少一人。各专业设计管理人员的主要职责为：

（1）根据工程总进度计划，编制本专业的设计进度控制计划，并协调设计分包的对应专业按计划执行。

（2）负责本专业设计工作的总体协调，对接设计分包的专业负责人。

（3）对设计分包递交的本专业图纸进行审核，并综合考虑造价、可施工性等，提出合理的优化建议。

（4）组织协调本专业的深化设计工作，并对深化图纸进行审核。

（5）协调并参加本专业对总承包工程的技术支持工作，如采购技术支持服务、施工技术支持服务、试运行技术支持服务等。

（6）完成其他配合现场施工的工作，如各类施工工况演算和分析、整体变形控制方案编制、变形监测方案编制等。

2.4.2　成熟期设计管理组织架构

随着总承包业务的不断发展和设计职能的不断完善，设计管理部门在项目组织架构中的地位也应有所提升，调整后的项目整体组织架构如图 2.4-7 所示。设计经理全权负责设计管理相关工作，由项目经理直接领导。与图 2.4-5 相比，这种组织架构形式更能适应设计施工一体化的要求，适用于总承包业务的普及推广阶段。

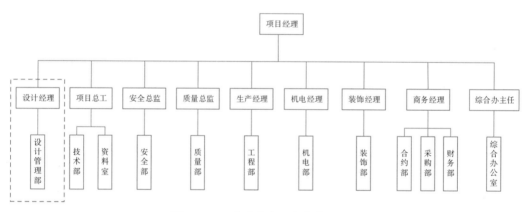

图 2.4.7　工程总承包组织架构（二）

按照工程总承包企业的培育和发展要求，工程总承包企业应具有基本设计资质。随着市场的需求，施工企业逐步完善了自己的设计团队，此时工程总承包项目的设计任务也可以由企业内部的设计部门来承担，设计部门根据设计项目的性质和特点，配备相应的设计人员组成设计小组，开展设计工作并进行设计项目管理。此时项目组织架构中不需要单独设置设计管理部门。设计管理工作由设计部门的设计经理统一负责。此时设计经理除了承担第 2.4.1 节中列出的相关职能外，还需要完成设计团队的内部协调工作，包括：

（1）研究、熟悉合同文件确定的工作范围，明确设计分工，分解设计工作。

（2）组织审查工程设计所必需的条件和设计基础资料，主要包括：设计依据、业主提供的设计基础资料和有关协作协议的文件。

（3）组建设计团队，组织各专业确定设计标准、规范、项目设计统一规定（内容、深度、格式）和重大设计原则，研究和确定重要技术方案，特别是综合性技术方案、各专业的衔接以及节能、环保、安全、卫生等方面。

（4）组织各专业按时提交各阶段的设计图纸，并进行内部校审。需要外部审批的图纸，汇总后统一送审报批。将审批通过后的有效图纸正式呈送业主和项目部其他部门。

（5）组织设计文件的汇总、入库和分发；工程设计结束后，组织、整理和归档有关的工程档案；贯彻公司关于设计工作的质量管理体系要求。

（6）组织各专业做好项目设计总结，编写工程设计完工报告。

此时设计管理工作除了满足传统 DBB 模式下设计方内部的管理要求外，还应保证设计活动符合总承包的各项要求，如进度控制、质量控制、成本控制等。设计经理应具备大局观，可以带动整个设计团队的责任心和参与度，并与项目管理组织架构中的其他部门进行协调和对接。

2.4.3   联合体模式下的设计管理组织架构

联合体投标也是目前常见的一种方式。联合体中标后应由牵头单位牵头组建项目管理部，作为该项目的共同领导，联合体成员单位共同派人员参加。项目管理部需在联合体协议的基础上，按照各自的工作划分范围进行统一协调和资源调配。

设计方牵头的联合体，因设计费占比少，与牵头方的责任严重不匹配而没有动力；施工方牵头的联合体，因受制于技术，很难做到从设计源头上控制成本。

当项目较为简单时，项目整体组织架构可以采用图 2.4-8 的方式，即由设计经理带领设计管理部执行对设计部门的管理工作（设计部门即联合体中的设计团队）。其中，设计管理部门由联合体双方商议后共同派人组建，其内部的组织架构可以参考前一种方式（图 2.4-7）。施工方派出的设计管理人员除了具备一定的相关项目背景外，还应具有较强的团队意识和沟通能力。

当项目较复杂且联合体各方参与人员众多时，联合体会表现为一个相对松散的组织形式，管理难度增大。联合体中的各方利益与冲突不能以行政命令的方式来解决，而只能通过横向协商在"双赢"的基础上加以解决，此时设计管理工作的工作界面和沟通渠道也会变得复杂。图 2.4-9 为某联合体总承包项目的设计施工联动机制。为了更好地对联合体内部实施管理，该项目提出"施工驱动设计、设计施工联动"的理念，以提高设计方案的安全性、可靠性和可施工性。

2.5   小结

本章对工程总承包模式下设计管理的概念、特点、要领、目标和作用进行了梳理和总结。通过对文献的查阅以及对笔者单位在建的工程总承包项目进行调研，针对施

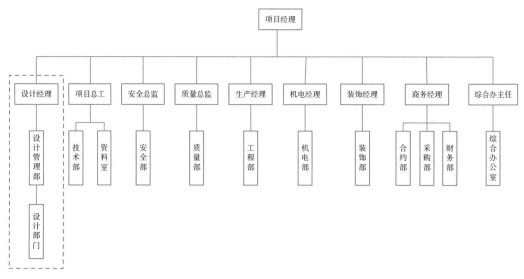

图 2.4-8　工程总承包组织架构（三）

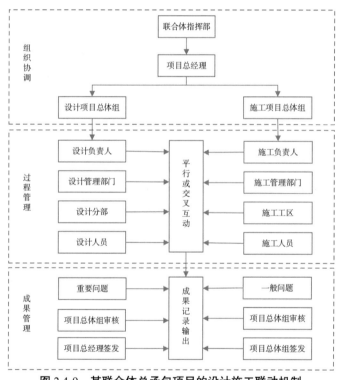

图 2.4-9　某联合体总承包项目的设计施工联动机制

工型企业发展工程总承包模式的不同阶段、不同模式，分析并提出了转型期、成熟期以及联合体模式下的设计管理组织架构。

　　施工型工程总承包企业转型期的设计管理组织架构：直接由施工总承包模式演变而来，该组织架构改动较小，基层项目部接受度较高。设计管理部由设计经理负责，与技术部一起接受项目总工的领导。设计经理带领设计管理工程师与设计分包对接；但是与组织架构内其他部门进行配合时，仍通过项目总工下达指令，更容易被其他部门的管理人员认可。在总承包业务的起步阶段，可以采用这种组织架构方式作为过渡。

施工型工程总承包企业成熟期的设计管理组织架构：随着总承包业务的不断发展和设计职能的不断完善，设计管理部门在项目组织架构中的地位也相应提升。在成熟期的设计管理组织架构中，设计经理全权负责设计管理相关工作，由项目经理直接领导。与转型期的设计管理组织架构相比，这种组织架构形式更能适应设计施工一体化的要求，适用于总承包业务的普及推广阶段。

联合体模式下设计管理的组织架构：联合体投标也是目前常见的一种方式。联合体中标后，设计管理部门由联合体双方商议后共同派人组建，由设计经理带领设计管理部执行对设计部门的管理工作。

以下各章将按照工程项目建设的顺序，依次研究在工程总承包项目的设计阶段、采购阶段和施工阶段设计管理工作的实施要点。

本章参考文献

[1]　周子炯 . 建筑工程项目设计管理手册 [M]. 北京：中国建筑工业出版社，2013.

[2]　史炳锋，张苏娟 . 总承包项目中的设计管理 [J]. 国际经济合作，2012（10）：50-54.

[3]　GB/T 50326—2017. 建设工程项目管理规范 [S]. 北京：中国建筑工业出版社，2017.

[4]　陆莹，沈杰，葛爱荣 . 总承包模式下设计管理研究 [J]. 建筑经济，2008（4）：50-52.

[5]　许玉东 . 工程建设项目 EPC 联合体管理模式探讨 [J]. 新疆石油科技，2008，24（1）：74-75.

[6]　陈相 . 单体和联合体工程总承包模式对比分析 [J]. 城市建筑，2016（15）：338.

[7]　石峰，吴江宁 . DB 模式中联合体各方对设计方案更改的行为分析 [J]. 公路与汽运，2016，173（2）：227-230.

[8]　丁士昭 . 建设工程经济 [M]. 北京：中国建筑工业出版社，2006.

[9]　任长能 . 价值工程理论在工程设计中的应用 [J]. 建筑经济，2004（3）：67-69.

[10]　屈伟萍 . 我国建设工程项目设计管理优化研究 [D]. 哈尔滨：哈尔滨工业大学，2009.

第 3 章

工程总承包项目设计阶段的设计管理

设计管理作为工程总承包管理的重要环节，贯穿项目的全过程，其中设计过程的管理是核心和重点。项目设计阶段包括设计准备、方案设计、初步设计和施工图设计等设计过程。该阶段的设计管理工作专业性和递进性强，重心突出，集中紧凑，与政府规划等主管部门的审查许可管理关系紧密，其成效优劣直接关系到项目成败，可谓任重道远。项目管理的职能和设计管理经验在这个阶段中充分践行。

工程总承包模式下，设计阶段设计管理工作的主要内容与传统 DBB 模式下基本相同，但是管理主体、管理目标都有变化。设计工作除了满足业主需求、国家标准等常规设计质量要求外，还应符合总承包项目的进度目标和经营目标。本章将在借鉴传统 DBB 模式设计管理方法的基础上，对工程总承包项目设计阶段的设计管理工作进行研究并分阶段进行阐述。

3.1 设计阶段的设计管理概述

3.1.1 设计过程管理

项目设计阶段的流程如图 3.1-1 所示。

项目设计阶段设计管理的核心任务是设计过程管理。建筑工程的设计过程，有狭义和广义两个层次。

1. 狭义的设计过程

狭义的设计过程是指从方案设计开始，到施工图设计结束为止的设计过程。按不同的建设项目可以划分为三阶段设计和二阶段设计。

（1）三阶段设计。建筑工程一般应分为方案设计、初步设计和施工图设计三个阶段，适用于一些较大型、技术复杂的，采用新工艺和新技术的项目。建筑工程传统的三个阶段设计流程如图 3.1-1 所示。

（2）二阶段设计。二阶段设计适用于技术要求相对简单的建设项目，经有关主管部门同意，且合同中没有做初步设计的约定，可在方案设计审批后直接进入施工图设计。

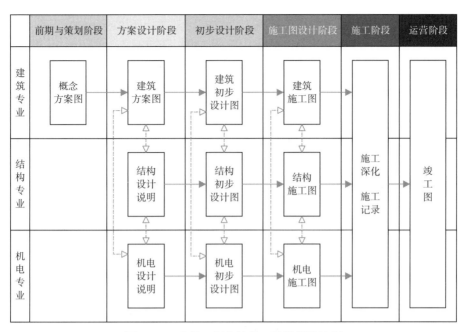

图 3.1-1　建筑工程传统的三阶段设计流程

除了三阶段设计，在国内一些重大工程建设项目设计过程中，往往还会增加总体规划或总体设计、概念设计、扩初设计或技术设计阶段，就国家设计程序要求而言这些阶段不是国家法规强制要求的，所以通常由建设单位或工程管理（咨询）公司和设计单位根据项目实际情况来决定。

2. 广义的设计过程

建设项目的设计工作除了上述涉及主要设计阶段的工作外，还涉及项目建设的策划选址、可行性研究、地质勘察、设计招标投标、设计准备、设备采购、施工、竣工验收、交付使用以及回访总结等，几乎贯穿于工程建设的全过程。尤其在设计文件政府主管部门审批和不同的工程承包模式及项目管理模式下的施工中，设计工作流程并非只是一个指向，往往会反复调整，图纸等设计文件存在大量的优化或细化修改。因此，设计工作必须协调做好与上述相关建设环节的配合和衔接，设计单位和设计人员除编制设计文件外，还要参与解决大量的技术问题。作为项目设计管理者，应当从广义角度上来理解设计过程。

工程设计过程虽然错综复杂，但总是由若干阶段、若干专业的若干工作任务流组成。设计阶段无论怎样划分，每一个阶段的设计成果输出都将成为下一阶段设计工作的输入，这个循环过程贯穿于设计过程的各个阶段，即设计过程各阶段之间逻辑关系逐步深化，从而使项目设计目标逐步明确和清晰。

设计阶段是影响建设工程项目成功与否的重要阶段，设计阶段的项目设计管理主要是设计过程管理，设计过程是影响建设工程项目实施效果的关键环节。

（1）项目的设计质量不仅直接决定了项目最终所能达到的质量标准，而且决定了项目实施的进度水平和费用水平。尤其在当前，推行节能建筑、绿色生态建筑、智能建筑，坚持可持续发展的背景下，这对项目设计水平和设计质量的控制较以往面更广、度更深、要求更高。

（2）设计进度的控制直接关系到设计文件能否按时完成，对项目设计文件审批、后续的采购、施工招标投标及施工将产生重要影响。一般影响设计进度的因素除政府部门、业主方、设计单位外，来自各方面不可预见的因素会不时出现，设计进度的控制是一项复杂而艰巨的工作。

（3）设计过程的投资控制与设计质量要求、设备材料选用、设计标准选择、功能性要求、结构与艺术的合理等要素密切相关。无数大型建设工程的项目实践证明：加强设计过程的项目管理将节约项目投资，为业主带来极大的经济效益。因此设计过程项目管理对投资控制显得尤为重要。

3.1.2　设计阶段设计管理的主要内容

项目设计阶段设计管理的任务是设计过程管理。主要内容概括如下：

（1）按设计管理计划中的设计过程管理相关内容，对设计输入、设计实施、设计输出、设计评审、设计验证、设计更改等设计重要过程的要求及方法予以明确。

（2）在项目总体构思和项目总体定位的基础上，充分研究已批准的项目前期文件和业主建设目标及意图，并以此为依据，策划和编制设计要求文件、设计招标书、设计竞赛文件等。

（3）根据项目设计特点，策划项目设计质量、投资、进度目标，编制控制计划及其实施措施，拟定控制要点等。

（4）参与与设计相关的科研、勘察、外部协作、评价论证及谈判等管理工作。

（5）确定建设项目设计委托方式。

（6）组织设计方案招标或竞赛（征集），实施设计方案评选，确定中选方案并送审报批，落实设计方案修改优化。

（7）组织初步设计及施工图设计招标、签订设计合同，实施设计合同管理。

（8）向设计单位提交设计各阶段所需的依据性文件、政府批文、工程设计基础资料、外部协作单位的供应协议、技术条件等工程数据等。

（9）设计过程的跟踪控制。在设计合同中或单独形成对设计单位的"设计管理配合要求"，在初步设计及施工图设计进行过程中，组织设计管理人员前往设计单位，及时对设计人员资格、专业配合、设计活动、设计输出文件（必要时，包括对计算书的核查）等进行跟踪检查。

（10）实施设计过程设计质量控制。对设计进行有效的质量跟踪，及时发现不符合设计质量要求的设计缺陷，严格审查各阶段设计文件，保证设计成果质量，实现设计质量控制目标。

（11）审核概、预算所含费用及其计算方法的合理性，实施各阶段设计投资控制。

（12）控制设计进度，包括各设计阶段以及各专项设计的进度管理，满足工程项目报建、招标、采购和施工进度的要求。

（13）做好设计过程的接口管理。包括各设计专业、各专项设计的技术协调；设计前期总体设计与后期专业深化设计的协调配合；设计计划与采购、施工等有序衔接及其接口关系处理。

（14）对参与设计的设计单位进行配合沟通协调管理，协调包括中、外设计机构相关设计单位的协作关系。

（15）根据满足功能要求、经济合理的原则，向各设计专业提供所掌握的主要设备、材料的有关信息，并参与选型工作；审核主要设备及材料清单，对设计采用的设备、材料提出反馈意见。

（16）与外部环保、人防、消防、地震、节能、卫生以及供水、供电、供气、供热、通信等有关部门间的协调工作；配合设计单位按设计进度完成项目专项设计和设施配套。

（17）向设计单位预付和结算设计费用。

3.1.3　设计主要阶段的设计文件要求

设计主要阶段的设计文件应具备的关联要求：

（1）方案设计文件应当满足编制初步设计文件和概算的需要。

（2）初步设计文件应当满足编制施工图设计文件以及施工招标文件和主要设备材料订货的需要。

（3）施工图设计文件应当满足施工和设备材料采购、非标准设备制作和预算的需要。对于将项目分别发包给几个设计单位或实施设计分包的情况，设计文件相互关联处的深度应满足各承包或分包单位设计的需要。

3.2　项目前期策划阶段的设计管理

项目前期，按照工程建设项目生命周期即为分析决策阶段，是指一个建设项目从提出建设思想，提出项目建议，获批立项，继而进行分析研究论证并作出投资决策，最终报批获准确立的工作阶段。项目前期是项目主持方构建项目意图，明确项目目标的重要阶段。项目前期策划是指在项目前期，通过收集资料和调查研究，在充分掌握信息的基础上，针对项目的决策和实施，进行组织、管理、经济和技术等方面的科学分析和论证。项目的前期策划阶段是项目的开始，影响着项目的定位、造价。项目的前期策划工作主要是产生项目的构思，确立目标，并对目标进行论证，为项目的批准提供依据，对项目实施和管理起着决定性作用。同时对于承包商来说，前期策划阶段的质量直接决定着是否能以合理的价位、可观的利润中标。在 EPC 承包模式下，承包商从工程决策阶段就介入工程，为工程编制项目建议书和可行性研究报告。总承包商要成功承揽工程，首先必须在方案设计阶段充分掌握业主的要求。进行方案设计前，必须仔细研究招标文件中的"雇主要求"，校核设计标准，并对理解和把握"雇主要求"的正确性负责。国际咨询工程师联合会（FIDIC）《设计采购施工（EPC）/ 交钥匙合同条件》第 5.1 款规定，雇主不对包括在原合同内的雇主要求中的任何错误或遗漏负责；无论承包商从雇主或其他方面收到任何数据或资料，都不解除承包商对设计和工程施工承担的职责。因此，为避免在日后的设计和施工中出现偏差，承包商必须先确认设计标准并确保计算的准确性。

3.2.1　前期策划阶段概念设计管理流程图

前期策划阶段概念设计管理流程如图 3.2-1 所示。

3.2.2　前期策划阶段设计管理主要工作

项目前期的主要工作是前期策划，包括环境调查分析和项目决策策划（含项目构思和实施策划）。项目前期的任务主要是落实能对拟建项目编制提供按国家法律法规及政策，可靠性高、各项指标完善、远近分期明确的项目前期文件。项目前期工作的优劣决定着项目建设目标成果的丰硕与否。所以项目管理者，特别是决策者对这个阶段的工作应有足够的重视。

项目前期设计管理的主要任务是从系统的角度出发，以建设策划的方式参与其中。特别是项目的技术方案，应体现出较高的政策性、技术性，较实际的经济性，以达到较准确地控制拟建项目设计等后续实施阶段进程的目的。

项目前期的设计管理一般有以下主要工作：

（1）参与项目前期策划，包括环境调查分析和项目决策策划；

（2）以建筑策划为主参与拟建项目的项目构思和分析决策；

（3）编制项目建议书，提出并报批；

（4）参与拟建项目的建设地址选择、论证，编写选址报告，申请建设项目选址意见书；

（5）参与拟建项目可行性研究，编制可行性研究报告并报批；

（6）可行性研究报告批准，项目列入国家预备项目计划后，进一步做好年度建设计划工作；对于外商投资项目，需报商务部外贸主管部门审批，批准后，办理相关登

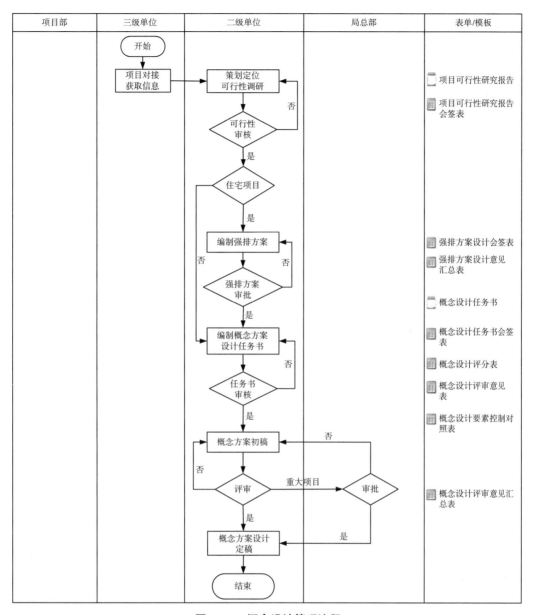

图 3.2-1 概念设计管理流程

记手续；

（7）参与组织项目评估，编制项目评估报告并报批；

（8）检查项目建设外部条件的落实情况，包括环保、人防、消防、抗震、交通道路、安全、卫生等各专项和供水、排水、供电、供气、供热、通信、建筑智能化等配套项目的征询、审批等前期手续的办理；

（9）取得规划设计条件，参与申办建设用地规划许可证；

（10）配合项目部做好前期合同管理、沟通协调和信息管理等工作。

下面分别介绍在前期策划阶段的主要工作内容。

（1）组建投标团队

在项目开始，仔细研究理解项目的特点和业主的要求，识别和评估项目存在的风险，确定投标后应根据风险评估的结果在报价中加入适当的风险费用。总承包单位决定投标之后成立临时项目组，负责投标的设计工作。项目设计组应由项目设计经理、专业设计人员以及沟通专家组成，设计经理同时应熟悉工程设计、工程采购、施工及竣工验收、使用等过程，有较强的领导能力。从各个部门中抽调相关技术人员或者专家组成临时性的设计组，这些专业设计人员应覆盖工程设计所需的各个领域，不仅具备专业知识而且具有良好的团队合作意识，服从项目设计经理的管理。同时，专业性的投标专家也是必不可少的。一个有效的团队使团队之间的工作面没有盲点，再加上项目小组长的协调、沟通能力，才能使项目任务得以保证。

（2）成立临时性项目小组

成立临时性项目小组，分析招标文件，充分了解业主意图，研读招标书，积极熟悉业主的招标书，校核设计标准和有关计算，对于业主文件说明含糊的地方要积极澄清，以免造成纠纷。由于业主在招标时只给出了项目的预期目标和功能要求，对于这些原则要求业主应尽可能做到全面和准确的说明，避免出现错误和遗漏，这样承包商才能够充分理解业主的要求，尽量避免或减少在工程建设过程中发生不必要的合同变更。对于一个成功的合同管理来说，尽可能多地收集有关现场和工程的可利用资料对双方都有利。承包商应在业主的安排下进行现场勘查，获取工程现场有关地质、水文、气候和环境等方面的信息，并对标书上业主提供的内容和现场数据进行核对。表达不清或者存在异议的地方及时要求业主澄清。这些现场资料对于投标人的初步设计是至关重要的，是选择建筑形式、建筑规模、确定设计方案、施工设计组织、规划平面布置的依据，是项目设计组开展一切工作的基础，防止由于基础设计数据的错误而导致设计返工。承包商应考虑一切可能产生费用的因素，不能漏掉任一部分的报价。

（3）项目投标方案设计

现场勘查完成后，就可以进行项目投标方案设计。主要包括以下几个方面：

1）设计综合说明。包括的内容有建设规模、建设地点、占地面积、总平面布置和内外交通、外部协作条件设施等。

2）设计内容及图纸。包括的内容有主要建筑物、构筑物的设计、辅助公用设施和生活区的设计要求等。

3）建设工期。一般的 EPC 总承包项目中，业主有期望工期，承包商权衡出最优工期。

4）主要的施工技术要求和施工组织方案。包括的内容有主要设计方案和工艺流程、各种资源用量等。

5）投资估算和经济分析。总概算、投资收益、经济评价等。

以上是项目初步设计的内容，项目设计组完成初步设计后，投标人应组建估价小组。估价小组根据初步设计文件计算工程量等费用汇总报价，并在此后组织相关人员按照招标文件的要求编制投标书。现在 EPC 项目一般都采用固定总价报价，一旦失误，所有损失将都由承包商自己承担，这就要求在工作中具备更加严格的工作方式和态度，主动和专业设计工程师沟通，对照相关专业知识，做好报价专业人员之间的沟通，避免报价中有漏项、多项的情况发生。在条件还不太明确的情况下，要根据以往的经验迅速提出自己的观点和理论依据。另外，文件的规范化管理也有助于提高工作效率，以确保更为准确的估价。

（4）优选投标策略

投标小组在估价小组估价的基础上，分别从技术、管理和商务三个角度分析优选报价方案。采取合理的报价策略投标。同时中标后的谈判也是非常重要的。在这个阶段承包商要做两个任务，一是权衡风险让步接受；二是澄清问题和协商一致。谈判签订合同的过程也是承包商启动项目的过程，签订合同后，承包商就必须根据合同规定内容实施。

3.2.3　前期策划阶段的质量控制

1. 设计质量计划

（1）设计质量计划的概念

设计质量计划是针对特定的项目工程设计进行规划活动所编制的文件。设计质量计划是项目设计策划的成果，也是项目质量计划的组成部分，是非常重要的设计管理文件。设计质量计划是项目计划管理的重要环节，也是质量管理体系文件的组成内容。

（2）设计质量计划的作用

通过计划，确定项目设计在计划期的设计质量目标、保证和应达到的标准，以及实现它们的控制过程、措施和行动计划。在设计管理组织内部，通过项目的设计质量计划，使项目的设计质量要求能通过有效的措施得以满足，因此，设计质量计划是设计质量管理的依据，在已签订项目设计合同的情况下，设计质量计划是设计合同双方主体满足设计合同的特定质量要求，并作为用户实施质量监督的依据。

（3）设计质量计划的内容

设计质量计划宜包括如下内容：

1）设计依据：包括项目批准文件、设计合同文件、设计任务书、设计基础资料、技术标准、设计规范、国家及行业规定的设计深度和格式要求等；

2）设计范围、设计原则、工程概况；

3）设计质量目标及其分解和要求；

4）设计质量管理组织架构的设置、各级人员的质量职责和奖罚规则；

5）设计质量控制程序（可用流程图等形式展示过程的各项活动）、要求、方法和实际运作所需的文件和资源；

6）项目设计的各个阶段质量控制主要环节，人员职责、权限和资源的具体分配，质量管理工作计划表等；

7）项目设计（或过程）所要求的评审、论证、审批和确认或许可活动；

8）随项目的进展而修改和完善质量计划的程序；

9）设计文件接收准则、记录的要求、所采取的措施；

10）达到设计质量目标应采取的其他措施，例如需要补充制定的特定程序、方法、标准和其他文件等。

（4）设计质量计划的编制

1）设计质量计划可以单独编制，也可以作为项目设计管理计划等的组成部分。

2）设计质量计划由设计经理（主管）负责组织编制，设计经理应组织各专业负责人参与设计质量计划的编制工作，重点关注设计过程的接口管理策划的合理性。

3）设计质量计划编制后，经建设单位有关职能部门评审后，由项目经理批准实施。在设计过程中，设计经理（主管）可根据实施的具体情况，进行修订或补充。

（5）设计质量计划的实施

1）设计质量计划一旦批准生效，必须严格按计划实施。

2）设计经理负责组织、指导、协调项目的设计质量计划实施工作，应确保按相关法规、标准规范、设计合同、设计任务书等质量要求文件，对设计质量计划进行有效的实施管理与控制。

3）在设计质量计划实施过程中应进行监控，及时了解计划的执行情况偏离程度，制订实施纠偏措施，以确保计划的有效性。

4）在实施过程中如对质量计划有较大修改时需征得建设单位有关职能部门和项目经理同意。

5）如果项目要开展创优活动，则应把设计质量计划与创优计划整合在一起为宜，这样可以提高设计质量管理和创优活动的效率。

2. 设计单位资质与人员执业资格控制

设计单位和设计人员承担建设工程项目设计的重任，在影响项目质量的诸多因素中集中占有人、技术、管理、社会的综合因素，尤其对设计质量而言，设计单位和设计人员素质的优劣，更是一种根本性的影响因素。因此，对设计单位资质与人员资质的控制就是坚持以人为控制核心的原则，把人的工作质量作为确保项目设计过程及其成果质量的关键控制点，也是设计质量事前控制的重点工作。

国家对从事建设活动的单位实行严格的从业许可证制度，对从事建设活动的专业技术人员实行严格的执业资格制度。建设行政主管部门及有关专业部门按各自分工，负责各类资质标准的审查、从业单位的资质等级的最后认定、专业技术人员资格等级的核查和注册，并对资质等级和从业范围等实施动态管理。

3. 设计输入控制概述

（1）设计输入的概念

对工程建设项目而言，设计输入通常是指设计的项目所期望的投资、质量和进度要求及其相关说明；设计过程必须遵循的有关法律法规和社会要求以及必须贯彻的标准规范等。设计输入是确定所设计的项目目标和实施设计的依据，也是设计评审、验证和确认的依据。项目的各个阶段设计，均应确定与产品有关的设计输入要求，并形成文件。设计输入是设计的基础，好的输出来源于好的设计输入，对设计输入的控制必不可少。

（2）设计输入的内容

1）设计依据资料。设计依据是指整个设计过程应遵照执行并以此为依据的法律性文件。设计依据是整个设计工作的基础和导则。作为项目设计依据的法律性文件有相关法规、政策文件；政府项目立项、可行性研究报告、环境影响评价报告批准文件和纪要、选址意见书、规划设计条件等有关部门的批文及审查意见；工程建设标准、设计合同、设计任务书、地质勘察报告及有关设计资料等。

2）适用的类似项目设计提供的经验或改进等历史信息。

3）项目适用的法律法规，包括有关安全、环境保护、人类健康等法规及社会要求。

4）项目执行的强制性标准；适用的设计规范和技术标准。

5）设计原则，设计任务书提出的设计要求及其相关资料。

6）国家规定的设计各阶段输入的内容和设计深度要求。

7）项目特殊的专业技术要求。

8）限额设计指标和主要控制点。

9）项目设计文件质量规定、质量保证程序要求和主要控制点。

10）项目设计的设计人员工时、进度计划和主要控制点。

11）其他。

（3）设计输入文件管理要点

1）设计经理负责组织各专业确定建设项目的设计输入文件，并组织各专业负责人收集和熟悉项目设计输入文件。

2）对设计输入文件的适宜性和有效性进行评审和确认，以确保输入信息的充分性和适宜性，防止出现不完整、模糊或矛盾的情况，以致影响工程设计质量。

3）分析研究整理出满足设计要求的基本条件，并充分掌握和理解项目建设的目标要求，以找出二者的最佳交会点，论证其可行性。

4）工程设计质量法律法规的控制。

4. 修改设计文件的规定

（1）建设单位、施工单位、监理单位不得修改建设工程勘察、设计文件；确需修改建设工程勘察、设计文件的，应当由原建设工程勘察、设计单位修改；经原建设工程勘察、设计单位书面同意，建设单位也可以委托其他具有相应资质的建设工程勘察、设计单位修改，修改单位对修改的勘察、设计文件承担相应责任。

（2）施工单位、监理单位发现建设工程勘察、设计文件不符合工程建设强制性标准、合同约定的质量要求的，应当报建设单位，建设单位有权要求建设工程勘察、设计单位对建设工程勘察、设计文件进行补充、修改。

（3）建设工程勘察、设计文件内容需要做重大修改的，建设单位应当报经原审批机关批准后，方可修改。

5. 建筑工程设计标准的控制

（1）设计标准化与设计质量控制。

（2）工程建设强制性标准的实施。

（3）工程建设强制性标准和推荐性标准的识别。

（4）工程建设标准、规范、规程的区别与联系。

6. 建设工程勘察质量管理与控制

（1）建设工程勘察质量管理与控制是设计质量控制的重要环节。

（2）建设工程勘察质量管理办法。

（3）工程勘察过程的质量控制要点：优选勘察单位；认真细致审查勘察工作方案；勘查现场作业的质量控制；勘察文件的质量控制；后期服务质量保证。

（4）岩土工程勘察规范及其强制性条文。

3.2.4 前期策划阶段的投资控制

设计准备阶段投资控制的主要任务是按项目的定位、项目功能定义和投资定义、总体构思和要求进一步对项目的建设环境以及各种技术、经济和社会因素进行调查、分析、研究、计算和论证，编制投资规划，深化投资估算，进行投资目标的分析、论证和分解，以作为建设项目实施阶段投资控制的重要依据，为设计的展开和设计过程的投资控制奠定坚实基础。此阶段的投资控制主要任务如下：

（1）进一步分析研究建设项目的定位、项目功能定义和投资定义。

（2）充分了解并掌握有关项目的各种技术、经济和社会因素，包括城乡规划、环境保护等对项目设计的要求；交通、水、电、气、通信等基础设施状况等外部条件和建设场地客观环境情况，以及内部各种资源条件。

（3）分析总投资目标实现的风险，编制投资风险管理的初步方案。

（4）编制投资规划工作，着重做好投资目标的分析、论证和分解、编码工作。

（5）与投资控制部专业人员密切合作，编写设计要求文件、设计方案招标（竞赛）文件有关投资控制的内容。

（6）对某些专业或专项设计单独编制项目计划书及设计任务书中有关投资控制的内容。如智能化专项、幕墙专项、空间结构专项、特殊装饰、基坑围护专项等。

（7）按项目投资规划确定的投资费用分配，结合项目质量和进度要求，确定项目方案设计限额。

（8）辨识设计阶段资金使用计划，并控制其执行。

（9）参与论证项目经济利益相关者的不同要求和可能影响设计的其他客观因素等。

（10）编制各种投资控制报表和报告。

3.2.5　前期策划阶段的进度控制

设计准备阶段设计进度控制的主要工作内容有：

（1）按要求完成项目设计依据资料、相关法律法规、强制性标准、设计规范和技术标准等设计基础资料、输入文件的充分性、适用性和有效性评审和确认工作。

（2）按设计合同及时向设计单位提送包括政府项目立项、可行性研究报告批准文件、环境影响评价报告批准文件和选址意见书、规划设计条件、设计任务书、地质勘察报告等设计依据文件和其他必须提供的设计基础资料。

（3）除明确熟悉项目总进度控制目标、设计进度管理、进度控制原理、要求、内容和方法外，还应结合项目设计质量、投资控制目标及主要控制点，项目特殊的专业技术要求，做好胜任设计进度控制的知识和能力准备。

（4）编制设计准备阶段进度控制总结报告。

3.3　方案设计阶段的设计管理

3.3.1　方案设计概述

1. 方案设计释义

方案设计是指为了满足建设项目的目标要求，对拟建项目各构成要素进行协调配置并优化的设计活动。方案设计是建设项目目标的集中体现和形象表现，是建设项目设计过程中的先导和关键环节。

2. 方案设计形式

（1）按建设项目场地用地规划要求、类型、规模等因素一般可分为两种方案设计形式：对于单一建筑物或小规模群体建筑物一般可做建筑方案设计；对于大型综合性项目或成片开发建设项目的方案设计往往是指规划方案设计或总体方案设计，也称场地方案设计。

大型综合性项目或成片开发建设项目往往是由若干个子项目组成的，其包含了建设场地的市政、交通、环保、消防、人防、环境设计等相对完善的综合配套部分。其目的是通过设计使场地中的各要素，尤其是建筑物与其他要素能形成一个有机整体，以发挥效用，并使建设基地的利用能够达到最佳状态，获得最佳综合效益。

（2）按设计条件及设计深度可分为：概念性方案设计和实施性方案设计。相对于实施性方案设计，概念性方案设计的设计方法和设计程序，常用于大中型建设项目设计前期工作中的项目初步研究、方案设计竞赛和假想题目的学术性探讨。

3. 概念性方案设计

概念性方案设计是针对设计对象的总体布局、功能、形式等进行可能性的构想和分析，并提出设计概念及创意的设计活动。概念性方案设计的特征如下：

概念性方案设计是以设计概念为主线并贯穿全部设计过程的设计方法。设计概念是设计者针对设计所产生的诸多感性思维进行归纳与精炼所产生的思维总结，因此在设计前期阶段设计者必须对将要设计的方案做出周密的调查与策划，分析理解客户（业主）的设计意图、目标和具体要求，广泛搜集地域特征、文化内涵、资源条件等信息资料，再以设计师独有的思维素质产生一连串的设计想法，才能在诸多的想法与构思上提炼出最准确的设计概念。

概念性方案设计的关键在于设计概念的提出与运用两个方面。设计概念的提出主要体现在概念性方案设计的思维程序，包括：设计前期的策划准备；技术及可行性的论证；文化意义的思考；地域特征的研究；客户（业主）及市场调研；空间形式的理解；设计概念的提出与讨论；设计概念的扩大化；概念的表达；概念设计的评审等诸多因素。

3.3.2　方案设计流程

方案阶段的设计流程如图 3.3-1 所示。方案设计管理流程如图 3.3-2 所示。

3.3.3　方案设计文件审批

在方案设计阶段，设计方案送审报批是业主获取建设用地规划许可证、建设工程规划许可证等的主要程序，也是规划部门及有关专业部门对建设项目管理的重要内容，因此，设计方案审批是方案设计阶段设计管理工作的重要内容。

以《上海市建设工程设计方案规划审批改革实施办法（试行）》为例。为推进建设工程行 政审批管理改革，加强建设工程设计方案审批管理和服务，简化审批流程，提高审批效率，上海市出台了《上海市并联审批试行办法》和《上海市建设工程行政审批管理程序改革试行方案》，自 2010 年 4 月 1 日起施行。上海市建设工程设计方案规划审批改革结合规划管理要求，适用于本市行政区域内建设工程设计方案的规划审批管理。

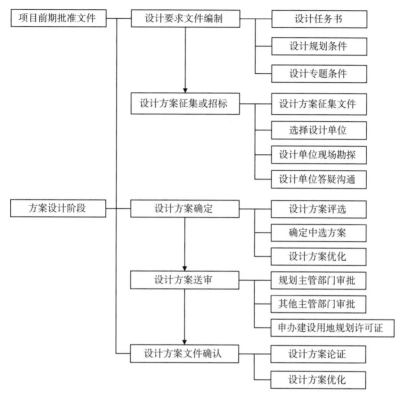

图 3.3-1　方案设计流程

（1）管理部门。上海市规划和国土资源管理局（以下简称市规划土地管理部门）负责指导和监督本市建设工程设计方案的规划审批。市、区（县）规划土地管理部门按照规定权限负责本行政区域内建设工程设计方案的规划审批。

（2）审批环节和编制要求。建设工程设计方案规划审批分为咨询、规划土地管理部门收件和分送、参与并联审批的管理部门受理、审理、规划土地管理部门对建设工程设计方案作出规划审批决定五个环节。建设单位应按照住房和城乡建设部发布的《建筑工程设计文件编制深度规定》（2016 年版）中"方案设计"的要求，编制建筑设计方案。

（3）咨询服务和咨询的时限。为提高设计成果质量，加强批前服务，建设单位在建筑设计方案编制成后，可以向规划土地管理部门进行报建咨询，规划土地管理部门应按规范服务指导意见，使建筑设计方案符合报送条件。

（4）送审要求。建设单位向规划土地管理部门送审建设工程设计方案时，应按照土地出让合同或核定规划设计要求时告知的参与并联审批部门名单，以及相关管

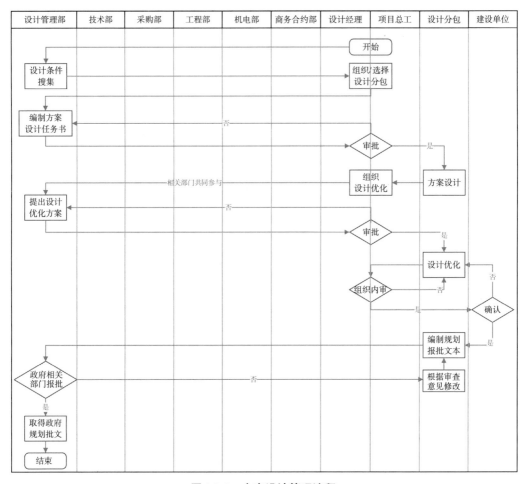

图 3.3-2　方案设计管理流程

理部门的送审要求，分别填写申请表，并将送审资料分袋包装，同时送交规划土地管理部门。

（5）分送和受理。规划土地管理部门收到送审资料后，在 1 个工作日内通过市政府公共审批平台运转申请表，并将送审资料送达参与并联审批的管理部门。

规划土地管理部门和参与并联审批的管理部门应在 4 个工作日内对送审资料进行收件预审。

送审材料符合要求的，规划土地管理部门和参与并联审批的管理部门分别向建设单位出具受理通知。参与并联审批的管理部门应以受理回执的形式（或网上运转的方式）反馈规划土地管理部门。到期未反馈的，视为受理。

送审材料不符合要求的，参与并联审批的管理部门应以书面形式（或网上运转的方式）向规划土地管理部门反馈补正材料通知，规划土地管理部门当日转送建设单位。

（6）审理。

1）参与并联审批的管理部门应在受理后的 10 个工作日内，将并联审批格式意见表及各自专业审查意见书面一并反馈规划土地管理部门。

2）审理中的调整。参与并联审批的管理部门要求建设单位作局部调整后再予批准的，应在受理后 10 个工作日内书面反馈规划土地管理部门，规划土地管理部门当日转送建设单位。参与并联审批的管理部门在再次收到资料后，可相应延期 10 个工作日向规划土地管理部门反馈最终审批意见。

3）审理过程的中止。参与并联审批的管理部门明确要求建设单位对方案总平面设计布局作较大调整的，可以中止审批。中止审批应提供相关法规依据，明确方案调整意见。参与并联审批的管理部门提出中止审批，应在受理后 10 个工作日内书面反馈规划土地管理部门，规划土地管理部门当日转送建设单位。参与并联审批的管理部门应在中止情形结束后的 5 个工作日内将审查意见书面反馈规划土地管理部门。

（7）方案公示。建设工程设计方案的规划公示，是指规划土地管理部门在批准建设工程设计方案前，将建设工程设计方案的相关内容向公众公开展示，听取公众意见的活动。

3.3.4　方案设计阶段的质量控制

1. 方案设计阶段的质量控制概述

方案设计作为项目工程设计的开端，设计方案的质量对项目设计起着决定性作用，为保证项目设计质量，务必要十分注重在方案设计各环节的质量控制要点。从而在设计过程初期就为设计质量奠定基础。为实现项目设计的质量目标，获得一个理想的良好方案，必须严格方案设计的质量控制。作为方案设计质量控制的关键，一是要严谨优选方案，二是要寻求优化空间，二者缺一不可。方案设计招标投标和方案设计竞赛都是优选方案的规范良好途径。

2. 方案设计文件编制的深度

（1）方案设计文件。设计说明书，包括各专业设计说明以及投资估算等内容，对于涉及建筑节能设计的专业，其设计说明应有建筑节能设计专门内容；设计图纸，包括总平面设计图纸、建筑设计图纸（平面图、立面图、剖面图）、热能动力设计图纸（当项目为城市区域供热或区域燃气调压站时提供）；设计委托或设计合同中规定的透视图、鸟瞰图、模型等。

方案设计文件的编排顺序：封面；扉页；设计文件目录；设计说明书；设计图纸。

（2）设计说明书。包含：①设计依据、设计要求及主要技术经济指标；②总平面设计说明；③建筑设计说明；④结构设计说明；⑤建筑电气设计说明；⑥给水排水设计说明；⑦采暖通风与空气调节设计说明；⑧热能动力设计说明；⑨投资估算文件。

（3）设计图纸。包含：①总平面设计图纸；②建筑设计图纸（平面图、立面图、剖面图、剖面编号、比例或比例尺）；③热能动力设计图纸（当项目为城市区域供热或区域燃气调压站时提供）。

3. 方案设计招标技术文件编制内容及深度要求

（1）工程项目概要：项目名称、基本情况、使用性质、周边环境、交通情况、自然地理条件、气候及气象条件、抗震设防要求等。

（2）设计目的和任务。

（3）设计条件：主要经济技术指标要求（详见规划意见书）、用地及建设规模、建筑退红线、建筑高度、建筑密度、绿地率、交通规划条件、市政规划条件等要求。

（4）项目功能要求：设计原则、指导思想、功能定位等。

（5）各专业系统设计要求：根据招标类型及工程项目实际情况，对建筑、结构、采暖通风、电气、给水排水、电气、人防、节能、环保、消防、安防等专业提出要求。

（6）方案设计成果要求：文字说明、图纸、展板、电子文件、模型等。

4. 方案设计质量控制要点

（1）策划、编制方案设计要求文件

方案设计要求主要通过方案设计任务书来体现。策划和编制方案设计任务书是项目前期策划的继续细化过程和方案设计质量控制的重要内容。方案设计任务书必须以获批准的项目前期文件为依据，因此，应对项目可行性报告、规划条件和各专业批复意见等项目前期文件进行充分的研究、分析，保证方案设计任务书的内容建立在物质资源和外部建设条件的可靠基础上。

（2）方案设计的基本要求

1）方案设计应贯彻设计方针：建筑工程项目方案设计应符合科学发展观的要求，并与当地的经济发展水平相适应，遵循安全、适用、经济、美观、环保、节能等原则。

2）方案设计应严格执行《建设工程质量管理条例》《建设工程勘察设计管理条例》和国家强制性标准条文。

3）方案设计应符合项目前期文件批复和任务书等依据性文件。

4）设计方案要与当地经济发展水平相适应，积极采用节地、节能、节水、节材、环保和安全防灾技术。

5）设计方案应体现先进的设计理念、创新的意识和正确高效的方法，在设计标准化的前提下，建筑不仅应具备时代特征，还应该彰显有创意的个性。

6）设计方案应严格执行国家强制性标准条文、满足现行的建筑工程建设标准、设计规范（规程）、制图标准和设计文件编制深度规定。

7）针对项目特征和建设需要，采用先进技术、先进工艺、先进设备、新型材料和现代先进设计方法，转化科技成果于设计方案。

（3）方案设计评选的一般原则

1）遵循公开、公平、公正、择优和诚实信用的竞争原则。

2）遵守已拟定发布的设计竞赛文件中包括方案设计要求、评选流程、方式、方法、标准等内容的评选细则。

3）真实体现中选方案评选的质量水平。

（4）方案设计评选的流程

方案设计评选的流程为：聘请设计方案评审专家，确定评选机构及其人选；准备和发放评选资料；确定方案评选方式（单轮或多轮）、推选模式和评选议程；实施评选议程，设计单位分别介绍方案并答疑；设计方案评价讨论；评选专家对各设计方案评比（体现于"设计方案评定表"）；评选结果排序，总结分析评选意见；确定中选方案，提出修改优化意见；发布设计方案评审结果通知书；发放设计方案竞赛酬金及退回保证金。

（5）设计方案评选与决策过程的控制要点

在参赛单位报送设计方案后，按已拟定设计竞赛的实施流程和设计竞赛规则，由设计竞赛的发起组织者主持方案设计评选工作。方案设计评选是优选设计方案的重要步骤，也是设计方案竞赛组织流程中质量控制的关键环节。

1）设计方案评选与决策控制工作职责。设计方案评选与决策过程质量控制工作，除项目经理和项目工程技术负责人外，项目设计管理组织的设计经理（主管）应负责设计方案评选具体组织工作，有关专业设计管理人员应承担相应专业的设计方案评选质量控制工作。

2）必须充分重视设计方案竞赛的科学组织与周密安排。

3）保证方案设计评选人员的高素质要求。

4）应确保评选专家有足够时间审阅方案设计文件，评审时间安排应与工程的复杂程度、设计文件的数量、深度相适应。

5）采用科学合理的评选方法。

6）方案设计评选标准应突出体现符合方案设计任务书的目标要求。

7）进行设计方案比较选择时，应处理好质量、投资与进度的关系，使其达到对立的统一。

8）重视各设计方案之间的技术经济分析比较，应在技术经济分析的基础上进行评选和决策。

9）分析各设计方案的长短，重点比较设计方案之间的主要优劣差异，并提出设计方案整合或优化设计方案的建议。

10）组织评选专家认真审阅方案设计文件并填写《专家评审意见表》。

11）做好与各方案设计单位和设计师的充分沟通协调工作，形成良好的互动关系。

12）在设计方案运行中采取积极的优化动态管理。着重对中选方案征询各方面意见，按专业进行细化、量化评估，提出修改意见，并优化过程跟踪。

13）切实做好评选会议记录，编写会议纪要的工作。

14）有始有终地做出设计方案评选总结，确切评估评选活动的利弊得失。

5. 设计方案的规划公示

设计方案的规划公示，是指规划土地管理部门在批准建设工程设计方案前，将建设工程设计方案的相关内容向公众公开展示、听取公众意见的活动。

对设计质量控制而言，设计方案的规划公示既是规划管理部门对设计方案规划审批的程序之一，也是实施设计质量控制，利于保证设计方案质量的重要举措。

3.3.5 方案设计阶段的投资控制

方案设计是建筑工程设计全过程的最初阶段。如前所述，方案设计的优劣对投资数额产生的变化较大，调节投资的余地也最大。方案设计阶段的投资计划目标一旦偏离，会造成项目后续各阶段的实施工作系统性失控。在方案设计阶段，投资控制主要是在优选和优化设计方案中实施。方案设计阶段投资控制的主要任务如下：

（1）由建设单位评标专家参与设计方案评标（或设计方案竞赛评审），对投标设计方案的技术经济分析和设计估算作出评议和定量评价。

（2）编制设计方案优化要求文件中有关投资控制的内容。

（3）根据方案设计文件和估算书，对估算的依据、参数、过程和结论进行分析和审核。

（4）对设计单位方案优化提出技术经济和投资评价建议。

（5）采用价值工程等方法对设计方案优化提出建议。

（6）根据优化设计方案，编制项目总投资修正估算。

（7）编制设计方案优化阶段资金使用计划并控制其执行。

（8）比较修正投资估算与投资估算，编制各种投资控制报表和报告。

（9）编制初步设计要求文件中有关投资控制的内容。

（10）根据项目总投资修正估算确定初步设计的设计限额。

3.3.6 方案设计阶段的进度控制

方案设计阶段设计进度控制的主要工作内容有：

（1）制定设计方案竞赛、招标的进度计划及其实施。其中进度包括策划时间、发布公告时间、方案设计时间、接收方案设计投标文件时间、组织设计方案评选或评标时间、确定中选或中标方案及其通知时间等。

（2）控制业主方内部对设计方案征求意见的时间，避免常见的因意见不一，迟缓决策，耽误后续方案修改和优化工作进度的情形。

（3）拟定设计方案优化进度时间并控制执行。

（4）控制设计方案送审报批和批后修改工作进度计划时间。

（5）编制方案设计阶段进度控制总结报告。

3.4　初步设计阶段的设计管理

3.4.1　初步设计概述

初步设计是建筑工程设计的一个中间阶段，是根据项目设计的要求，在经政府相关部门确认的设计方案基础上，编制具体实施方案的设计文件的活动。

为了实现深入细化方案构想，初步设计要求结构、给水排水、暖通空调、强弱电等各专业工种都要加入，做出较详细的设计；并通过对工程项目所作出的基本技术经济规定，编制项目概算。

有些大型复杂工程必要时可进行扩大的初步设计（简称扩初设计），扩初设计的内容和深度介于初步设计与施工图设计之间。

3.4.2　初步设计流程

初步设计阶段的流程如图 3.4-1 所示。初步设计管理的流程如图 3.4-2 所示。

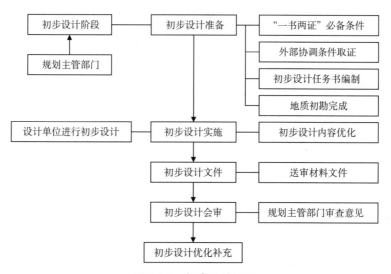

图 3.4-1　初步设计流程

说明："一书两证"指城市规划行政主管部门核准发放的建设项目选址意见书、建设用地规划许可证和建设工程规划许可证。

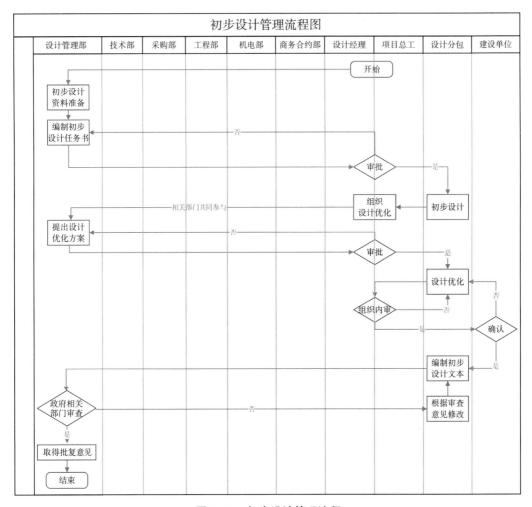

图 3.4-2 初步设计管理流程

3.4.3 初步设计文件审批

为了保证初步设计文件审查符合城乡规划要求，符合国家有关法规、技术标准、规范、规程及专项管理部门的管理规定，初步设计文件必须报经国家有关部门和地方建设等主管部门批准。

（1）审批范围。区域范围内新建、改建、扩建的工程建设项目。

（2）审批机关。工程建设项目的初步设计审批，实行分级管理。市级、区县建委和行业主管委办局是初步设计的审批机关。省级建委对市、区县、委办局的初步设计审查工作进行指导、监督和管理，对初步设计审批管理工作中的不规范行为有指正、否决权。

（3）审批权限划分。由国家发展改革委批准立项的大中型建设项目，其初步设计由省级建委和发展改革委联合组织审查后，报国家发展改革委审批；由国家有关部、委、办或外省市批准在所属省投资建设的项目，由国家有关部、委、办或外省市会同所属省级建委、发展改革委、经委审批。

下列建设项目，其初步设计由省级建委组织市有关部门审批：

1）由省级财政性资金（预算内资金、由政府担保的外国政府贷款、城建资金等）投资的市政公用基础设施项目及其他项目。

2）由省级有关委办批准立项的工业、民用及其他建设项目。

3）上级机关指定或有关单位委托省级建委审批的项目。

4）省级行业主管部门批准立项的建设项目，其初步设计由省级行业主管部门组织审批，报省级建委、发展改革委、经委备案。

5）由区、县批准立项的建设项目，其初步设计由区、县建委（建设局）会同区、县发展改革委、经发委审批，并报省级建委及有关委办备案。

（4）审查内容。

1）设计是否符合国家及本省市有关技术标准、规范、规程、规定及综合管理部门的管理法规；

2）设计主要指标是否符合被批准的可行性研究报告或土地批租合同的内容要求；

3）总体布局是否合理及符合各项要求；

4）工艺设计是否成熟、可靠，选用设备是否先进、合理；

5）采用的新技术是否适用、可靠、先进；

6）建筑设计是否适用、安全、经济、美观，是否符合城乡规划和功能使用要求；

7）结构设计是否符合抗震要求，选型是否合理，基础处理是否安全、可靠、经济、合理；

8）市政、公用设施配套是否落实；

9）设计概算是否完整准确；

10）专业审查部门意见是否合理，相互之间是否协调。

（5）专业部门具体审查内容。

下面以上海市对工程建设项目初步设计审批办法为例。

1）送审条件。政府投资项目工程可行性研究报告经批准或非政府投资核准类项目的核准报告经批准，规划设计方案经批准、初步设计和概算编制完成。

2）网上申请办理。

①申请人填写相关信息，完成注册。系统将用户名和密码发送至用户注册填写的手机上。

②申请人使用用户名和密码登录，进入申请窗口。

③网上填写"对工程建设初步设计的审批申请表"，提交并获取网上申请编号。

④打印填写完成的申请表，并携带办事指南中指明的其他材料，去指定受理点进

行受理。

⑤申请人上网查询申请事项办理情况，在办结完成后，拿回相关文书。

3）窗口受理办法。

①携带材料：项目初步设计报批申请（主要内容包括工程概况、所处阶段、申请要求，形式为正式公文要求）、可行性研究报告的批准文件或核准报告的批准文件、规划设计方案的批准文件、环境影响评价报告的批准文件、土地使用的证明文件、初步设计和概算、规划方案阶段其他相关部门的意见。

②办理程序：a. 网上申请（注册、填写审查表、提交）。b. 审查受理：建设单位携带申报材料至管理部门窗口，管理部门对申报材料进行核对。管理部门确认符合办理条件，给予受理回执。c. 过程查询：管理部门组织相关部门会审和相关技术及经济等专项评审，其中各专项评审时间不计入审批流程，流程会中止。

③结果反馈：通过网上告知建设单位结果和领取批复文件（以上环节建设单位都可从网上查询，如已受理、正在办理、已办结、批复文件）。

④办理时限：自受理之日起 20 个工作日。

⑤回复文书：审批办理结束后，申请人可领取"上海市城乡建设和交通委员会关于 ×× 工程初步设计的批复"。

⑥受理部门：上海市建筑建材业受理服务中心。

3.4.4　初步设计阶段的质量控制

1. 初步设计质量控制概述

初步设计作为介于方案设计和施工图设计之间的一个中间阶段，其主要任务是根据项目设计的要求，在政府相关部门确认的设计方案基础上，深入细化设计方案，编制初步设计文件。

对于有些大型复杂项目必要时宜进行扩大性初步设计，即扩初设计。其设计要求与深度比初步设计更进一步，尤其要求解决各设计工种专业之间的技术问题和编制扩大的初步设计概算。

初步设计阶段的成果标志应该是各专业技术路线得到确定，并实现系统内外的整体统一。初步设计质量直接关系到后续的施工图设计质量。因此，初步设计质量控制应注重承前启后的过程要求特点和各设计专业的技术协调。应杜绝走过场，把关不严的情况发生。

2. 初步设计质量控制要点

（1）策划拟定初步设计要求

进入初步设计阶段，应针对已获批准确认的设计方案，要重视设计方案评审和初步设计批复文件中提出的具体明确的意见，要与设计方进行有效的沟通和多方面论证，策划拟定初步设计要求，编制初步设计任务书，为设计方案的深化完善和初步设计实施创造良好的条件。

（2）初步设计的基本要求

1）初步设计应符合国家和地方相关法律法规、设计标准和规范，不得随意改变已批准确定的规划条件和各项经济技术控制指标；严格执行环保、消防、人防、抗震、节能、绿化和卫生防疫等专项要求和批复。

2）初步设计应符合已经主管部门审批确认的设计方案及其批复意见。

3）编制初步设计文件，应当满足主要设备材料订货、编制施工图设计文件和编制施工招标文件的需要。

4）建筑设计符合城乡规划和功能适用、富有创意、环境协调、节能环保、形象美观等要求；工业建筑的产品方案、生产规模、工艺设计、选用设备、"三废"治理和环境保护方案、能源需求与节能减排成熟、可靠、先进、合理。

5）结构设计与民用建筑设备设计选型、布置与技术参数合理、安全、可靠、经济、环保、节能，并符合抗震、防火等要求。

6）初步设计应解决建筑与结构、建筑与设备、结构与设备之间的接口矛盾，做到各专业工种设计文件技术的充分协调。

7）初步设计文件编制深度应符合《建筑工程设计文件编制深度规定》（2016 年版）的要求。

8）初步设计概算完整、准确、合理，满足编制总投资概算的需要，并作为造价控制的主要依据。

9）采用的新技术、新工艺、新设备、新材料适用、可靠、先进，杜绝采用不符合现行技术产业政策和管理规定的落后淘汰技术、设备或材料等。

（3）初步设计的内审优化

初步设计的内审优化是初步设计管理、质量控制和初步设计流程中的一个重要环节，初步设计的内审优化内容主要有：

1）是否符合作为设计依据的政府有关部门的批准文件要求；设计单位是否严格执行有关行政主管部门的审批意见。

2）是否符合批准方案和设计任务书的项目规模与组成，以及设计原则、功能要求、主要指标等。

3）设计所执行的主要法规和采用的标准（尤其是强制性标准）是否恰当、有效。

4）是否符合规划、用地、环保、卫生、绿化、消防、人防、抗震等各专项管理规定和设计要求，是否符合社会公共利益。

5）设计文件是否满足现行国家和省市地方有关初步设计规定的深度要求。

6）采用的新技术、新材料、新设备和新结构是否适用、可靠、先进。

7）总体设计布局和建筑设计是否在方案设计基础上更合理、完善、优化，是否符合各项要求，是否有利于综合利用土地和资源节约，总体设计中所列项目有无漏项。

8）工艺设计是否成熟、可靠，选用设备是否先进、合理；能否达到预计的生产规模，"三废"治理和环境保护方案、节能减排是否满足国家和当地政府的有关要求。

9）所采用的技术方案是否可行可靠、经济合理，是否达到项目确定的质量标准，有关专业设计之间技术协调是否充分。

10）主要技术经济指标确定是否合理，是否符合规划条件、建设标准和设计任务书等。

11）结构选型、结构布置是否安全、可靠、经济、合理，是否符合抗震要求。

12）设计概算是否完整、合理、准确，总投资确定是否合理，若超出计划投资原因何在。

3. 初步设计会审

（1）初步设计会审是初步设计审批的规定方式和主要程序内容。根据工程项目的规模、重要性以及复杂程度和所涉及需要审查的政府部门的不同，初步设计审查的方式有会审和审批两种方式，其中，初步设计会审是初步设计审批的规定方式和主要程序步骤。

（2）初步设计审查的责任人是政府主管部门。初步设计审查会议（也称评审会），一般由政府建设行政主管部门牵头主持，参会者包括主要专业评审主管部门、项目配套主管单位和评审专家组、项目业主（建设单位）、设计单位和其他应邀与会者。

（3）初步设计送审应符合法定条件。建设单位应当对申请资料的真实性和时效性负责。经审批行政主管部门审核受理的，才可予以初步设计会审。

（4）组织高素质高水平的评审专家组是做好初步设计审查工作的关键。建设行政主管部门应当建立健全设计审查专家库，加强对其所建专家库及评审专家的管理；专家组一般由相关专业的专家组成，专家人数按初步设计文件审查涉及的专业要求确定（一般而言，中型项目 5 名及以上，大型项目 7 名及以上）。

（5）初步设计审查会议议程和应完成事项。

1）在召开初步设计评审会之前，将会议通知、各有关部门批复文件和建设单位的初步设计文件送至参加评审会的单位和专家组手中。

2）项目初步设计负责人和各专业设计负责人向与会者汇报介绍设计内容。

3）与会者审核初步设计成果文件。与业主方、设计方的评估意见交流，对初步设计文件评论审议，对各专业工种设计文件提出具体评估意见。

4）形成初步设计会审书面意见。会审意见应论据充分、数据准确、文字简练、重点突出、结论明确，结论为：通过、修改后通过、不通过。

5）对审查通过的初步设计由政府主管部门在规定期限内发布初步设计审查批文

和评审会纪要；对应调整、修改或补充相关资料的初步设计，经审查符合要求后，在规定期限内发出初步设计批复。

6）责成有关方对初步设计某些没有落实的问题进行沟通，在下一步设计中得以解决。

7）设计单位应当对专家提出的修改意见作出是否采纳的书面意见，并报组织审查的建设行政主管部门。

8）对存在设计依据不正确或不充分、设计原则偏差、设计主要内容不合法不合理、设计文件编制深度欠缺、不符合技术产业政策和管理规定等严重缺陷的初步设计，应当作出不通过的批复意见，并责令改正。

（6）初步设计会审主要评审内容。

1）设计是否符合建设法规、国家和地方的技术经济政策、工程建设标准强制性条文和现行国家、行业及地方的有关技术标准。

2）各专业设计文件、主要经济技术指标、概算编制等设计文件是否符合项目设计依据文件要求。

3）设计是否基于已批准确认的设计方案及其规划和各专项设计的审查批复意见，重点审查初步设计中牵涉建筑安全可靠、节能减排、环境保护、消防、抗震、无障碍建设标准等专项的执行情况。

4）初步设计文件是否满足国家规定的有关初步设计阶段的深度要求，是否满足编制施工招标文件、主要设备材料订货和编制施工图设计文件的需要。

5）各专业工种的设计是否协调，对有关专业的主要技术方案是否进行了技术经济分析比较，是否合理、安全、可靠。

6）根据项目的行业属性，由其行业主管部门审查初步设计中生产工艺方案、技术水平是否先进可靠，设备选型（包括采用新工艺、新设备和新技术）等是否科学合理。

7）初步设计概算是控制项目投资的重要依据，也是初步设计审查的重点之一，其中，单位工程概算是项目总概算的基础，其造价是整个建设工程造价的重要组成部分，应作为审查的重点。要严格按照国家及地方政府有关部门的相关规定计算工程建设其他费用。重点审查设计是否经济合理；概算编制是否符合国家和地方现行有关造价的规定；是否完整、准确，有无错、漏、碰、缺，深度是否满足要求；单位工程概算中是否包括建筑节能所需费用；是否全面、客观、真实地反映工程实际；概算是否符合投资限额的要求。

8）是否对项目外部条件及其可能对项目的影响做出充分的分析、论证，并提出拟采取的相应措施。

9）市政公用设施等外部条件是否取证落实。

10）初步设计一经批准，任何单位和个人不得擅自修改。按照审查意见或确需修改的，应当由原设计单位或建设单位委托具有相应设计资质等级的设计单位修改优化，并由建设单位将调整、修改、优化后的初步设计报请原审查部门重新审查批准。

4. 初步设计文件的编制深度

（1）一般要求。

1）初步设计文件包括设计说明书；有关专业的设计图纸；主要设备或材料表；工程概算书；有关专业计算书。

2）初步设计文件的编排顺序：封面；扉页；设计文件目录；设计说明书；设计图纸（可单独成册）；概算书（应单独成册）。

（2）设计总说明。包含工程设计依据；工程建设的规模和设计范围；总指标；设计特点；提请在设计审批时需解决或确定的主要问题。

（3）总平面。在初步设计阶段，总平面专业设计文件应包括设计说明书（设计依据及基础资料、场地概述、总平面布置、竖向设计、交通组织）、设计图纸。

（4）建筑。在初步设计阶段，建筑专业设计文件应包括设计说明书和设计图纸。

1）设计说明书包括：①设计依据；②设计概述；③多子项工程中的简单子项可用建筑项目主要特征表作综合说明；④对需分期建设的工程，说明分期建设内容和对续建、扩建的设想及相关措施；⑤幕墙工程、特殊屋面工程及其他需要另行委托设计、加工的工程内容的必要说明；⑥需提请审批时解决的问题或确定的事项以及其他需要说明的问题；⑦建筑节能设计说明。

2）设计图纸包括：①平面图；②立面图；③剖面图；④对于毗邻的原有建筑，应绘出其局部的平、立、剖面图。

（5）结构。在初步设计阶段，结构专业设计文件应包括设计说明书、设计图纸和计算书。

1）设计说明书包括：①工程概况；②设计依据；③建筑分类等级；④主要荷载（作用）取值；⑤上部及地下室结构设计；⑥地基基础设计；⑦结构分析；⑧主要结构材料；⑨其他需要说明的内容。

2）设计图纸包括：①基础平面图及主要基础构件的截面尺寸；②主要楼层结构平面布置图，注明主要的定位尺寸、主要构件的截面尺寸，结构平面图不能表示清楚的结构或构件，可采用立面图、剖面图、轴测图等方法表示；③结构主要或关键性节点、支座示意图；④伸缩缝、沉降缝、防震缝、施工后浇带的位置和宽度应在相应平面图中表示。

3）计算书包括荷载统计、结构整体计算、基础计算等必要的内容，计算书经校审后保存。

（6）建筑电气。在初步设计阶段，建筑电气专业设计文件应包括：设计说明书、设计图纸、主要电气设备表、计算书。

1）设计说明书包括：①设计依据；②设计范围；③变、配、发电系统；④照明系统；⑤电气节能和环保；⑥防雷；⑦接地及安全措施；⑧火灾自动报警系统；⑨安全技术防范系统；⑩有线电视和卫星电视接收系统；⑪广播、扩声与会议系统；⑫呼应信号及信息显示系统；⑬建筑设备监控系统；⑭通信网络系统；⑮综合布线系统；⑯智能化系统集成；⑰需提请在设计审批时解决或确定的主要问题。

2）设计图纸包括：①电气总平面图（仅有单体设计时，可无此项内容）；②变、配电系统；③配电系统（一般只绘制内部作业草图，不对外出图）；④照明系统；⑤火灾自动报警系统；⑥通信网络系统；⑦防雷系统、接地系统。

3）主要电气设备表应注明设备名称、型号、规格、单位、数量。

4）计算书包括：①用电设备负荷计算；②变压器选型计算；③电缆选型计算；④系统短路电流计算；⑤防雷类别的选取或计算，避雷针保护范围计算；⑥照度值和照明功率密度值计算；⑦各系统计算结果尚应标示在设计说明或相应图纸中；⑧因条件不具备不能进行计算的内容，应在初步设计中说明，并应在设计时补算。

（7）给水排水。在初步设计阶段，建筑工程给水排水专业设计文件应包括：设计说明书、设计图纸、主要设备器材表、计算书。

1）设计说明书包括：①设计依据；②工程概况；③设计范围；④建筑室外给水设计；⑤建筑室外排水设计；⑥建筑室内排水设计；⑦节水、节能减排措施；⑧对有隔振及防噪声要求的建筑物、构筑物，说明给水排水设施所采取的技术措施；⑨对特殊地区（地震、湿陷性或胀缩性土、冻土地区、软弱地基）的给水排水设施，说明所采取的相应技术措施；⑩对分期建设的项目，应说明前期、近期和远期结合的设计原则和依据性资料；⑪需提请在设计审批时解决或确定的主要问题；⑫施工图设计阶段需要提供的技术资料等。

2）设计图纸（对于简单工程项目初步设计阶段一般可不出图）包括：①建筑室外给水排水总平面图；②建筑给水排水局部总平面图；③建筑室内给水排水平面图和系统原理图。

3）主要设备器材表应列出主要设备器材的名称、性能参数、计数单位、数量、备注使用运转说明（宜按子项分别列出）。

4）计算书包括：①各类用水量和排水量计算；②中水水量平衡计算；③有关的水力计算及热力计算；④设备选型和构筑物尺寸计算。

（8）采暖通风与空气调节。在初步设计阶段，采暖通风与空气调节设计文件应有设计说明书，除小型、简单工程外，初步设计还应包括设计图纸、设备表及计算书。

1）设计说明书包括：①设计依据；②简述工程建设地点、规模、使用功能、层数、建筑高度等；③设计范围；④设计计算参数；⑤采暖；⑥空调；⑦通风；⑧防排烟及暖通空调系统的防火措施；⑨节能设计；⑩废气排放处理和降噪、减振等环保措施；

⑪需提请在设计审批时解决或确定的主要问题。

2）设计图纸包括：①采暖通风与空气调节初步设计图纸一般包括图例、系统流程图、主要平面图，各种管道、风道可绘制单线图；②系统流程图；③采暖平面图；④通风、空调、防排烟平面图；⑤冷热源机房平面图。

3）计算书：对于采暖通风与空调工程的热负荷、冷负荷、风量、空调冷热水量、冷却水量及主要设备的选择，应做初步计算。

（9）热能动力。在初步设计阶段，热能动力专业设计文件应有设计说明书，除小型、简单工程外，初步设计还应包括设计图纸、主要设备表、计算书。

1）设计说明书包括：①设计依据；②设计范围；③锅炉房；④其他动力站房；⑤室内管道；⑥室外管网；⑦节能、环保、消防、安全措施等；⑧需提请设计审批时解决或确定的主要问题。

2）设计图纸包括：①锅炉房；②其他动力站房；③室内外动力管道。

3）主要设备表应列出主要设备名称、性能参数、单位和数量等，对锅炉设备应注明锅炉效率。

4）计算书包括负荷计算、主要设备选型计算、水电和燃料的消耗量计算、主要管道的水力计算等，并将主要计算结果列入设计说明书中有关部分。

3.4.5 初步设计阶段的投资控制

初步设计阶段较为集中地明确了建设项目的建设内容、标准和各专业设计要素，是设计要素基本形成的关键性阶段。在初步设计阶段需要明确建设项目规定期限内进行建设的技术可行性和经济合理性，设定主要技术方案、主要技术经济指标和编制初步设计总概算。初步设计对投资数额产生的变化和调节投资的余地很大。初步设计阶段投资控制的主要任务如下：

（1）审核、评价扩初设计文件中有关技术经济分析的内容。

（2）审核项目设计概算，提出评价建议。

（3）比较设计概算与修正投资估算，并控制在总投资计划范围内。

（4）采用价值工程方法，寻求节约投资的可能性。

（5）编制本阶段资金使用计划并控制其执行。

（6）编制本阶段投资控制报表和报告。

（7）若项目需有技术设计阶段，则其相应任务为：技术设计作为各专业技术的协调定案阶段，较之初步设计阶段，需要更详细的技术经济计算，加以补充修正初步设计文件。技术设计应能够确定建设项目建设材料设备采购清单。在这一阶段，要求根据技术设计文件及概算定额编制技术设计修正总概算。

（8）根据批准的投资总概算（或技术设计修正总概算），修正总投资规划，提出施工图设计的投资控制目标。

3.4.6　初步设计阶段的进度控制

初步设计阶段进度控制的主要工作内容有：

（1）实施初步设计进度计划并控制初步设计招标投标、确定设计单位的工作时间、策划和签订设计合同工作时间。

（2）完成初步设计开工前准备工作任务并控制其进度。

（3）设计接口（各专业之间、各设计单位之间、设计单位与供应商之间用于工程设计而需要交换的信息）的及时性、有效性、准确性、完整性、有序性等都会影响各专业的出图进度。在初步设计过程中应在保证设计接口质量的前提下，重点检查因设计接口引起的设计工期延误，应及时与设计方协调，共同拟定化解问题的积极有效措施并实施解决；未能解决时，必要情况下调整出图计划。

（4）控制初步设计文件送审报批和批后修改工作进度计划时间。

（5）编制初步设计阶段进度控制总结报告。

3.5　施工图设计阶段的设计管理

3.5.1　施工图设计概述

1.施工图设计释义

施工图设计完整地表现建筑物外形、内部空间分割、结构体系、构造状况以及建筑群的组成和周围环境的配合，具有详细的构造尺寸。它还包括各种运输、通信、管道系统、建筑设备的设计。在工艺方面，应具体确定各种设备的型号、规格及各种非标准设备的制造加工图。

2.进行施工图纸设计的条件

（1）建设项目批准文件，包括业主已取得规划、建设和各专项主管部门对初步设计的审核批准书、批准的国民经济年度基本建设计划和规划主管部门核发的施工图设计条件通知书。

（2）初步设计审查时提出的重大问题和初步设计的遗留问题已经解决；施工图阶段勘察及地形测绘图已经完成。

（3）外部协作条件，征地补偿，水、电、气、热、电信、交通道路等市政公用配套的各种协议已经签订或基本落实。

3.5.2　施工图设计流程

施工图阶段的设计流程如图 3.5-1 所示，设计管理流程如图 3.5-2 所示。

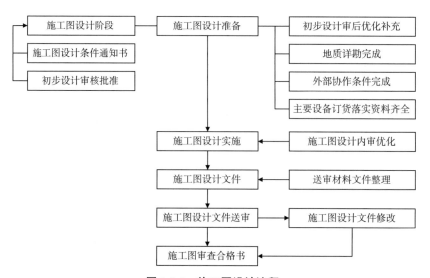

图 3.5-1　施工图设计流程

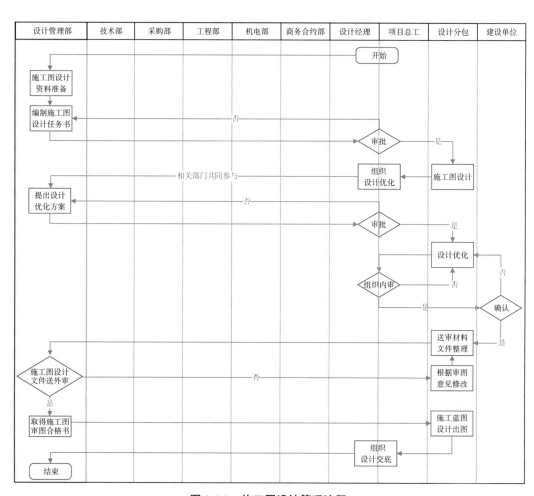

图 3.5-2　施工图设计管理流程

3.5.3　施工图设计文件审查

根据行政法规《建设工程质量管理条例》，国家设立了施工图设计文件审查制度，把施工图审查作为工程建设管理一个必需的环节。建设部于 2004 年制定发布了《房屋建筑和市政基础设施工程施工图设计文件审查管理办法》，开始实施施工图审查制度。施工图设计文件审查制度是指国务院建设行政主管部门和省、自治区、直辖市人民政府建设行政主管部门委托依法认定的设计审查机构，根据国家法律、法规、技术标准与规范，对施工图的结构安全和强制性标准、规范执行情况等进行的独立审查的制度。

施工图审查是指为了加强对房屋建筑工程、市政基础设施工程施工图设计文件审查的管理，保护公共利益和公众安全，建设主管部门认定的施工图审查机构（以下简称审查机构）按照有关法律、法规，对施工图涉及公共利益、公众安全和工程建设强制性标准的内容进行的审查。

施工图设计文件审查制度是政府监管的一个有效手段。通过施工图审查，使得勘察设计单位和勘察设计人员贯彻工程建设强制性标准的自觉性逐步提高，有效地避免了安全隐患和质量事故的发生；促进了勘察设计技术质量水平和施工图质量的提高；约束了建设单位一些不规范的市场行为。在执行过程中，具有以下特点：

（1）审查的强制性。施工图审查是对施工图是否执行工程建设强制性标准和国家法律、法规进行的审查，属于复核性工作，它是政府监管勘察设计质量的重要手段，具有强制性。施工图设计文件审查制度，明确了审查管理方式，取消了政府建设主管部门对施工图实施审查并对审查合格的施工图实施的批准，改为由建设主管部门认定的审查机构进行审查，审查后不需要再经过建设主管部门的批准，审查机构出具的审查合格书可作为政府颁发施工许可证的条件之一。

（2）审查机构的非营利性。省、自治区、直辖市人民政府建设主管部门应当按照国家确定的审查机构条件，并结合本行政区域内的建设规模，认定相应数量的审查机构。审查机构是不以营利为目的的独立法人。审查机构按承接业务范围分为两类，一类机构承接房屋建筑、市政基础设施工程施工图审查，业务范围不受限制；二类机构可以承接二级及以下房屋建筑、市政基础设施工程的施工图审查。

（3）建设单位的自主性。建设单位可以自主选择审查机构，但是审查机构不得与所审查项目的建设单位、勘察设计企业有隶属关系或者其他利害关系。

以上海市项目建设工程设计文件审查改革为例。为推进落实上海市企业投资核准、备案项目建设工程行政审批管理改革方案，保证建设工程安全和质量，加强建设工程设计文件审查管理和服务，制定了《上海市企业投资核准、备案项目建设工程设计文件审查实施办法》，作为项目建设工程设计审查实施改革的主要文件。有关规定如下（部

分摘录）:

（1）适用范围

1）本市企业投资建设工程核准，备案类项目的设计文件审查。

2）涉及全市综合平衡、政府定价的基础设施和社会事业等领域的企业投资建设工程项目，按照有关规定执行。

3）审批制项目建设工程行政审批管理流程中部分环节，有条件的，也可参照试行。

（2）管理部门

1）市建设交通委是全市建设工程设计文件审查的行政管理部门，市建设工程设计文件审查管理事务中心（以下简称市审查中心）受市建设交通委委托，负责全市建设工程设计文件审查的监督管理工作。

2）各区（县）建设交通委是本区（县）设计文件审查的行政管理部门，可以成立设计文件审查管理事务分中心，或者指定专门机构，按照市、区（县）项目分工，具体负责本区（县）设计文件审查的监督管理工作。

3）市政府批准设立的机构以及国务院批准在上海设立的出口加工区管委会等特定地区管委会，依据相关法规、规章规定，由有关部门委托其负责管理所属区域内相关项目的设计文件审查工作。

（3）项目分工。市建设交通委负责以下建设项目设计文件审查：

1）投资立项属于市级管理部门备案、核准权限的项目。

2）规划设计方案属于市级管理部门审批权限的项目。

3）按照有关规定，工程安全质量需要重点监管的特殊建设项目，包括：①超高（高度超过100m）和单跨跨度超过60m的建设项目；②单位工程建筑面积超过20000m^2（含20000m^2）的建设项目；③轨道交通保护区内的建设项目；④其他特殊建设项目。

4）涉及文物、古树名木、危险化学品等专业的特殊建设项目，依照相关法律法规规定执行。

上述项目以外的建设项目由各区（县）和特定地区管委会按照法定的职责分工负责管理。上述项目管理分工，可根据事权下放改革进程进行调整。

（4）审查程序

1）咨询。为确保设计文件编制质量，加强前期服务，根据设计方案审批中提出要在本阶段落实意见的，建设单位可以在施工图设计文件编制前，向符合资质条件的专业咨询机构提出专业技术咨询。也可直接向市审查中心或区（县）相应机构（以下统称审查部门）提出设计文件审查申请。

2）申报。项目符合受理范围要求且已通过规划土地管理部门设计方案审批，建设单位向审查部门提交设计文件审查申请，并附送有关资料。

建设单位送审资料包括：①设计文件送审申请表；②前期审批文件和相关部门本阶段需要审查的材料；③项目设计文件；④按照规定已经完成的专项审查、专项技术评审等评估报告；⑤法律法规规定的其他相关文件。

3）确定审图公司。根据《上海建设工程施工图设计文件审图公司抽取选定管理暂行规定》，建设单位应在规定网站发布施工图设计文件审查业务信息，并于设计文件审查申报当日，在电子信息平台上从符合条件的审图公司中随机抽取两家，从中选定一家审图公司承担本项目施工图设计文件审查工作。审图公司确定后，建设单位与审图公司签订施工图设计文件审查合同，并将合同向审查部门备案。

4）受理（5个工作日）。建设单位将相关管理部门征询及施工图设计文件审查材料分袋包装，审查部门一门式受理建设单位的送审资料。

审查部门收件后，在1个工作日内向相关部门发出受理联系单及相关资料，相关部门在3个工作日内出具同意受理或补正材料意见。

对需要补正材料的，审查部门应一次告知建设单位补正材料。

以上工作完成后，审查部门在1个工作日内向建设单位出具受理通知单，并通知所确定的审图公司。

5）设计文件审查（20个工作日）。①征询（10个工作日）；②施工图设计文件审查（20个工作日）。

6）备案管理（5个工作日）。建设管理部门应加强施工图审查工作的监管。建设管理部门应进行施工图备案管理，在5个工作日内出具备案意见。

7）复审。施工图审查未通过，建设单位如对审查结果有疑义可向审查部门提交复审申请。审查部门会同有关部门组织相关专家完成复审。最终施工图审查意见需与复审意见一致。

（5）领取相关批准文件和办理相关手续。施工图审查备案通过后，建设单位向规划土地管理部门办理建设工程规划许可证手续，向建设管理部门办理施工和监理招标投标备案、建设工程安全质量监督申报、使用墙体材料核定和施工许可等手续。

（6）其他。取得项目设计文件审查备案意见和审图合格书后，建设项目设计文件有重大变更的，建设单位应按照规定及时提出设计文件变更审查申请，由原设计文件审查机构完成变更审查。

网上施工图审查程序如图3.5-3所示。

3.5.4　施工图设计阶段的质量控制

1.施工图设计阶段的质量控制概述

施工图设计是设计的最后阶段。施工图设计工作量大、期限长、内容广，施工图设计文件作为项目设计的最终成果和项目后续阶段建设实施的直接依据，体现着设计

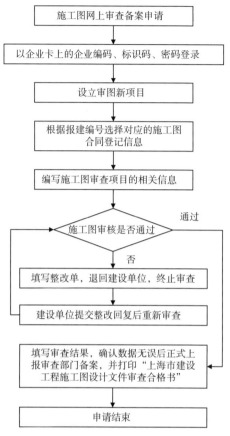

图 3.5-3　网上施工图审查程序（上海市）

过程的整体质量水平，设计文件编制深度以及完整准确程度等要求均甚于方案设计和初步设计。施工图设计文件要在一定投资限额和进度下，满足设计质量目标要求，并经受审图机构和政府相关主管部门的审查。因此，施工图设计阶段的质量控制工作任重道远。

施工图设计的内外条件源自之前各设计阶段的设计与管理成效，施工图设计阶段的质量控制是基于方案设计阶段和初步设计阶段质量控制之上展开的。设计管理组织及其人员应始终如一地凭借认真负责的工作态度、严谨科学的专业精神和积极务实的行动方案，在施工图设计全过程中，按项目质量计划，努力理顺施工图设计的内在逻辑关系，把握内部资源分配和外部约束条件的互济，强调系统性和协调性，注意有关过程的接口，致力于监控施工图设计质量，实现预期的设计质量目标。

2.施工图设计质量控制要点

（1）施工图设计应根据批准的初步设计编制，不得违反初步设计的设计原则和方案。如确实事出有因，某种条件发生重要变化或有所改变，需修改初步设计时，须呈报原初步设计文件审批机构批准。

（2）施工图设计文件，应满足设备材料采购、非标准设备制作和施工的需要；并应满足编制施工图预算的需要，并作为项目后续阶段建设实施的依据。

（3）施工图设计的建筑与结构、建筑与设备、结构与设备等专业工种之间的冲突或矛盾已解决，各专业工种技术协调应已完成。

（4）施工图设计文件是项目施工的依据，必须保证它的可施工性。否则在项目开展的过程中容易导致施工困难等问题，甚至影响项目的正常实施。

（5）施工图设计文件编制深度应符合《建筑工程设计文件编制深度规定》（2016年版）的要求。

（6）施工图设计是设计的最后阶段，施工图设计阶段成果标志应该是设计文件编制已全部完成，并体现在一定投资限额和进度下设计的整体质量，施工图设计文件应能经受审图机构和政府相关主管部门的审查。

3. 项目施工实施与设计可施工性要求

施工图设计文件作为项目设计的最终成果，经审查合格的施工图设计文件作为项目施工实施的直接依据，必须保证它的可施工性，并满足项目施工实施各参与方在合同、技术、经济等多方面的需求，否则在项目施工过程中容易导致施工困难等问题，甚至影响项目的正常实施。因此，项目施工实施十分强调对设计的可施工性要求。

一般而言，有经验的设计人员在设计过程中会综合考虑设计的可施工性，但由于设计人员毕竟对施工过程、施工技术和施工组织缺乏直接感受，尤其是对新的施工工艺的了解可能相对滞后，因此，设计会仅从大的原则上考虑可施工性，却对特定项目的工程施工实际需要缺乏强调或深究的可能。

因此，设计管理始终要重视设计的可施工性，应充分考虑设计对施工的影响，强调对设计过程中的技术施工进行可行性分析，满足项目施工实施对施工图设计文件的要求。例如，对于项目分别发包给几个设计单位或实施设计分包的情况，设计文件相互关联处的深度应满足各承包或分包单位设计的需要；施工图预算应符合相关规范要求并满足工程量计算和计价的需要；施工图设计各专业工种技术协调应已完成；建筑构造、结构构件设计的合理性，材料的施工适应性，构造详图齐全且表达深度满足施工需要；采用的单元设计和建筑构配件标准设计应按规定在设计文件中明晰标注；采用先进适用的新技术、新工艺、新材料、新方法，应做施工和采购指引说明等。

4. 施工图设计过程的跟踪控制

在上述施工图设计的特征表明，对施工图设计的质量控制务必进行设计质量跟踪控制。设计管理部（组）有关工作如下：

（1）根据项目设计特点，确定对设计过程的跟踪控制要求，并形成《设计管理配合要求》，发放至设计单位。

（2）在设计单位开始设计施工图前，应将设计依据文件资料送至设计单位；要求设计单位提供该项目的施工图设计计划和设计输入文件，由设计管理部（组）指定的控制人员审查认可。

（3）在施工图设计进行过程中，设计管理部（组）应按设计质量控制计划规定组织控制人员，前往设计单位进行跟踪检查，并记录于《设计过程质量跟踪表》或提出评估报告。

（4）跟踪检查的依据是《委托设计合同书》《设计管理配合要求》，设计单位编制的《设计计划》。

（5）跟踪检查主要内容一般为：

1）是否符合设计任务书的要求。

2）是否符合已批准确认的设计方案和初步设计，是否符合有关部门对初步设计的审批要求，是否对初步设计进行了全面、合理的优化。

3）设计是否符合设计标准及主要技术参数。

4）各专业设计间是否技术协调。

5）各专业设计文件编制是否符合规定深度。

6）各专项设计是否缺失、错。

7）项目设计特殊要求，如工艺流程、防振、防腐蚀、防尘、防噪声、防辐射、防磁以及洁净恒温、恒湿等是否满足。

8）施工图及预算是否超过设计限额和完整准确。

9）其他需要专门检查的内容。

（6）检查中发现不符合要求的问题，检查人员应及时与设计单位及设计人员沟通，要求设计单位整改，整改结果报建设单位设计管理部（组）备案。

5.施工图设计文件的编制深度

（1）一般要求

1）施工图设计文件：合同要求所涉及的所有专业的设计图纸以及图纸总封面；合同要求的工程预算书；各专业计算书。

2）总封面标识内容：项目名称；设计单位名称；项目的设计编号；设计阶段；编制单位法定代表人、技术总负责人和项目总负责人的姓名及其签字或授权盖章；设计日期（即设计文件交付日期）。

（2）总平面。在施工图设计阶段，总平面专业设计文件应包括图纸目录、设计说明、设计图纸、计算书。

1）图纸目录应先列新绘制的图纸，后列选用的标准图和重复利用图。

2）设计说明：一般工程分别写在有关的图纸上，如重复利用某工程的施工图图纸及其说明时，应详细注明其编制单位、工程名称、设计编号和编制日期，列出主要技术经济指标表，说明地形图、初步设计批复文件等设计依据、基础资料。

3）总平面图包括：①保留的地形和地物；②测量坐标网、坐标值；③场地范围的测量坐标（或定位尺寸）、道路红线、建筑控制线、用地红线等的位置；④场地四邻原有及规划的道路、绿化带等的位置（主要坐标或定位尺寸），以及主要建筑物和构筑物及地下建筑物等的位置、名称、层数；⑤建筑物、构筑物（人防工程、地下车库、油库、贮水池等隐蔽工程，以虚线表示）的名称或编号、层数、定位（坐标或相互关系尺寸）；⑥广场、停车场、运动场地、道路、围墙、无障碍设施、排水沟、挡土墙、护坡等的定位（坐标或相互关系尺寸），如有消防车道和扑救场地，需注明；⑦指北针或风玫瑰图；⑧建筑物、构筑物使用编号时，应列出"建筑物和构筑物名称编号表"；⑨注明尺寸单位、比例、坐标及高程系统（如为场地建筑坐标网时，应注明与测量坐标网的相互关系）、补充图例等。

4）竖向布置图包括：①场地测量坐标网、坐标值；②场地四邻的道路、水面、地面的关键性标高；③建筑物和构筑物名称或编号、室内外地面设计标高、地下建筑的顶板面标高及覆土高度限制；④广场、停车场、运动场地的设计标高，以及景观设计中水景、地形、台地、院落的控制性标高；⑤道路、坡道、排水沟的起点、变坡点、转折点和终点的设计标高（路面中心和排水沟顶及沟底）、纵坡度、纵坡距、关键性坐标，道路表明横坡形式、立道牙或平道牙，必要时标明道路平曲线及竖曲线要素；⑥挡土墙、护坡或土坎顶部和底部的主要设计标高及护坡坡度；⑦用坡向箭头表明地面坡向，当对场地平整要求严格或地形起伏较大时，可用设计等高线表示，地形复杂时宜表示场地剖面图；⑧指北针或风玫瑰图；⑨注明尺寸单位、比例、补充图例等。

5）土石方图包括：①场地范围的测量坐标（或定位尺寸）；②建筑物、构筑物、挡土墙、台地、下沉广场、水系、土丘等位置（用细虚线表示）；③ 20m×20m 或 40m×40m 方格网及其定位，各方格点的原地面标高、设计标高、填挖高度、填区和挖区的分界线，各方格土石方量、总土石方量；④土石方工程平衡表。

6）管道综合图包括：①总平面布置；②场地范围的测量坐标（或定位尺寸），道路红线、建筑控制线、用地红线等的位置；③保留、新建的各管线（管沟）、检查井、化粪池、储罐等的平面位置，注明各管线、化粪池、储罐等与建筑物、构筑物的距离和管线间距；④场外管线接入点的位置；⑤管线密集的地段宜适当增加断面图，表明管线与建筑物、构筑物、绿化之间及管线之间的距离，并注明主要交叉点上下管线的标高或间距；⑥指北针；⑦注明尺寸单位、比例、图例、施工要求。

7）绿化及建筑小品布置图包括：①平面布置；②绿地（含水面）、人行步道及硬质铺地的定位；③建筑小品的位置（坐标或定位尺寸）、设计标高、详图索引；④指北针；⑤注明尺寸单位、比例、图例、施工要求等。

8）详图包括道路横断面、路面结构、挡土墙、护坡、排水沟、池壁、广场、运动场地、活动场地、停车场地面、围墙等详图。

9）设计图纸的增减：①当工程设计内容简单时，竖向布置图可与总平面图合并；②当路网复杂时，可增绘道路平面图；③土石方图和管线综合图可根据设计需要确定是否出图；④当绿化或景观环境另行委托设计时，可根据需要绘制绿化及建筑小品的示意性和控制性布置图。

10）计算书包括设计依据及基础资料、计算公式、计算过程、有关满足日照要求的分析资料。成果资料均作为技术文件归档。

（3）建筑。在施工图设计阶段，建筑专业设计文件应包括图纸目录、设计说明、设计图纸、计算书。

1）图纸目录应先列新绘制图纸，后列选用的标准图或重复利用图。

2）设计说明包括：①依据性文件名称和文号；②项目概况；③设计标高；④用料说明和室内外装修；⑤对采用新技术、新材料的做法说明及对特殊建筑造型和必要的建筑构造的说明；⑥门窗表及门窗性能（防火、隔声、防护、抗风压、保温、气密性、水密性等）、用料、颜色、玻璃、五金件等的设计要求；⑦幕墙工程（玻璃、金属、石材等）及特殊屋面工程（金属、玻璃、膜结构等）的性能及制作要求（节能、防火、安全、隔声构造等）；⑧电梯（自动扶梯）选择及性能说明（功能、载重量、速度、停站数、提升高度）；⑨建筑防火设计说明；⑩无障碍设计说明；⑪建筑节能设计说明；⑫根据工程需要采取的安全防范和防盗要求及具体措施，隔声减振减噪、防污染、防射线等的要求和措施；⑬需要专业公司进行深化设计的部分，对分包单位明确设计要求，确定技术接口的深度；⑭其他需要说明的问题。

3）平面图包括：①承重墙、柱及其定位轴线和轴线编号，内外门窗位置、编号及定位尺寸，门的平启方向，注明房间名称或编号，库房（储藏）注明储存物品的火灾危险性类别；②轴线总尺寸（或外包总尺寸）、轴线间尺寸（柱距、跨度）、门窗洞口尺寸、分段尺寸；③墙身厚度（包括承重墙和非承重墙），柱与壁柱截面尺寸（必要时）及其与轴线关系尺寸；④变形缝位置、尺寸及做法索引；⑤主要建筑设备和固定家具的位置及相关做法索引，如卫生器具、雨水管、水池、台、橱、柜、隔断等；⑥电梯、自动扶梯及步道（注明规格）、楼梯（爬梯）位置和楼梯上下方向示意和编号索引；⑦主要结构和建筑构造部件的位置、尺寸和做法索引；⑧楼地面预留孔洞和通气管道、管线竖井、烟囱、垃圾道等的位置、尺寸和做法索引，以及墙体（主要为填充墙、承重砌体墙）预留洞的位置、尺寸与标高或高度等；⑨车库的停车位（无障碍车位）和通行路线；⑩特殊工艺要求的土建配合尺寸及工业建筑中的地面荷载、起重设备的起重量、行车轨距和轨顶标高等；⑪室外地面标高、底层地面标高、各楼层标高、地下室各层标高；⑫底层平面标注剖切线位置、编号及指北针；⑬有关平面节点详图或详图索引号；⑭每层建筑平面中防火分区面积和防火分区分隔位置及安全出口位置示意;⑮住宅平面图中标注各房间使用面积、阳台面积;⑯屋面平面应有女儿墙、檐口、天沟、坡度、坡向、雨水口、屋脊(分水线)、变形缝、楼梯间、水箱间、电梯机房、天窗及挡风板、屋面上人孔、检修梯、室外消防楼梯及其他构筑物,必要的详图索引号、标高等;表述内容单一的屋面可缩小比例绘制;⑰根据工程性质及复杂程度,必要时可选择绘制局部放大平面图;⑱建筑平面较长较大时,可分区绘制,但须在各分区平面图适当位置上绘出分区组合示意图,并明显表示本分区部位编号;⑲图纸名称、比例;⑳图纸的省略。

4)立面图包括:①两端轴线编号;②立面外轮廓及主要结构和建筑构造部件的位置;③建筑的总高度、楼层位置辅助线、楼层数和标高以及关键控制标高的标注;④平、剖面图未能表示出来的屋顶、檐口、窗台以及其他装饰构件、线脚等的标高或尺寸;⑤在平面图上表达不清的门窗编号;⑥各部分装饰用料名称或代号,剖面图上无法表达的构造节点详图索引;⑦图纸名称、比例;⑧各个方向的立面应绘齐全,但差异小、左右对称的立面或部分不难推定的立面可简略;内部院落或看不到的局部立面,可在相关剖面图上表示,若剖面图未能表示完全时,则需单独绘出。

5)剖面图包括:①剖视位置应选在层高不同、层数不同、内外部空间比较复杂、具有代表性的部位;建筑空间局部不同处以及平面、立面均表达不清的部位,可绘制局部剖面;②墙、柱、轴线和轴线编号;③剖切到或可见的主要结构和建筑构造部件;④高度尺寸;⑤图纸名称、比例。

6)详图包括:①内外墙、屋面等节点,绘出不同构造层次,表达节能设计内容,标注各种材料名称及具体技术要求,注明细部和厚度尺寸等;②楼梯、电梯、厨房、卫生间等局部平面放大和构造详图,注明相关的轴线和轴线编号以及细部尺寸、设施的布置和定位、相互的构造关系及具体技术要求等;③室内外装饰方面的构造、线脚、图案等;标注材料及细部尺寸、与主体结构的连接构造等;④门、窗、幕墙绘制立面图,对开启面积大小和开启方式、与主体结构的连接方式、用料材质、颜色等作出规定;⑤对另行委托的幕墙、特殊门窗,应提出相应的技术要求;⑥其他凡在平、立、剖面图或文字说明中无法交代或交代不清的建筑构配件和建筑构造。

7)对毗邻的原有建筑,应绘出其局部的平面图、立面图、剖面图,并索引新建筑与原有建筑结合处的详图号。

8)平面图、立面图、剖面图和详图有关节能构造及措施的表达应一致。

9)计算书包括:①建筑节能计算书;②根据工程性质特点进行视线、声学、防护、防火、安全疏散等方面的计算。

(4)结构。在施工图设计阶段,结构专业设计文件应包括图纸目录、设计说明、设计图纸、计算书。

1)图纸目录应按图纸序号排列,先列新绘制图纸,后列选用的标准图或重复利用图。

2）设计说明包括：①工程概况；②设计依据；③图纸说明；④建筑类等级；⑤主要荷载（作用）取值；⑥设计计算程序；⑦主要结构材料；⑧基础及地下室工程；⑨钢筋混凝土工程；⑩钢结构工程；⑪砌体工程；⑫检测（观测）要求；⑬施工需特别注意的问题。

3）基础平面图包括：①绘出定位轴线、基础构件（包括承台、基础梁等）的位置、尺寸、底标高、构件编号；表示施工后浇带的位置及宽度；②标明砌体结构墙与墙垛、柱的位置与尺寸、编号；③标明地沟、地坑和已定设备基础的平面位置、尺寸、标高，预留孔与预埋件的位置、尺寸、标高；④需进行沉降观测时注明观测点位置（宜附观测点构造详图）；⑤基础设计说明应包括基础持力层及基础进入持力层的深度、地基的承载力特征值、持力层验槽要求、基底及基槽回填土的处理措施与要求，以及对施工的有关要求等；⑥采用桩基时，应绘出桩位平面位置、定位尺寸及桩编号；⑦当采用人工复合地基时，应绘出复合地基的处理范围和深度，置换桩的平面布置及其材料和性能要求、构造详图，注明复合地基的承载力特征值及变形控制值等有关参数和检测要求。

4）基础详图包括：①砌体结构无筋扩展基础应绘出剖面、基础圈梁、防潮层位置，并标注总尺寸、分尺寸、标高及定位尺寸；②扩展基础应绘出平面图、剖面图及配筋、基础垫层，标注总尺寸、分尺寸、标高及定位尺寸等；③桩基应绘出桩详图、承台详图及桩与承台的连接构造详图；④筏基、箱基可参照现浇楼面梁、板详图的方法表示，但应绘出承重墙、柱的位置；⑤基础梁可参照现浇楼面梁详图方法表示。

5）结构平面图包括：①一般建筑的结构平面图，均应有各层结构平面图及屋面结构平面图（钢结构平面图）；②单层空旷房屋应绘制构件布置图及屋面结构布置图。

6）钢筋混凝土构件详图包括：①现浇构件（现浇梁、板、柱及墙等详图）；②预制构件详图。

7）混凝土结构节点构造详图包括：①对于现浇钢筋混凝土结构应绘制节点构造详图（可引用标准设计、通用图集的详图）；②预制装配式结构的节点，梁、柱与墙体锚拉等详图应绘出平面图、剖面图，注明相互定位关系、构件代号、连接材料、附加钢筋（或埋件）的规格、型号、性能、数量，并注明连接方法以及对施工安装、后浇混凝土的有关要求等；③需作补充说明的内容。

8）其他图纸包括：①楼梯图；②预埋件；③特种结构和构筑物。

9）钢结构设计施工图应包括：①钢结构设计总说明；②基础平面图及详图；③结构平面（包括各层楼面、屋面）布置图；④构件与节点详图。

10）建筑幕墙的结构设计文件包括：①按有关规范规定，幕墙构件在竖向、水平荷载等作用下的设计计算书；②施工图纸。

11）计算书包括：①采用手算的结构计算书，应给出构件平面布置简图和计算简图、荷载取值的计算或说明；②当采用计算机程序计算时，应在计算书中注明所采用的计算程序名称、代号、版本及编制单位，计算程序必须经过有效审定（或鉴定），电算结果应经分析认可；总体输入信息、计算模型、几何简图、荷载简图和输出结果应整理成册；③采用结构标准图或重复利用时，宜根据图集的说明，结合工程进行必要的核算工作，且应作为结构计算书的内容；④所有计算书应校审，并由设计、校对、审核人（必要时包括审定人）在计算书封面上签字，作为技术文件归档。

（5）建筑电气。在施工图设计阶段，建筑电气专业设计文件应包括图纸目录、施工设计说明、设计图、主要设备表、计算书。

1）图纸目录应按图纸序号排列，先列新绘制图纸，后列选用的标准图或重复利用图。

2）建筑电气设计说明包括：①工程概况；②设计依据；③各系统的施工要求和注意事项（包括布线、设备安装等）；④设备主要技术要求（亦可附在相应图纸上）；⑤防雷及接地保护等其他系统有关内容（亦可附在相应图纸上）；⑥电气节能及环保措施；⑦与相关专业的技术接口要求；⑧对承包商深化设计图纸的审核要求。

3）电气总平面图包括：①标注建筑物、构筑物名称或编号、层数或标高、道路、地形等高线和用户的安装容量；②标注变、配电站位置、编号；③架空线路标注；④电缆线路标注；⑤图中未表达清楚的内容可附图作统一说明。

4）变、配电站设计图包括：①高、低压配电系统图（一次线路图）；②平面图、剖面图；③继电保护及信号原理图；④竖向配电系统图；⑤相应图纸说明。

5）配电、照明设计图包括：①配电箱（或控制箱）系统图；②配电平面图；③照明平面图。

6）火灾自动报警系统设计图包括：①火灾自动报警及消防联动控制系统图、施工说明、报警及联动控制要求；②各层平面图；③电气火灾报警系统，应绘制系统图，以及各监测点名称、位置等。

7）建筑设备监控系统及系统集成设计图包括：①监控系统方框图；②随图说明相关建筑设备监控（测）要求、点数，DDC 站位置；③配合承包方了解建筑设备情况及要求，对承包方提供的深化设计图纸审查其内容；④热工检测及自动调节系统。

8）防雷、接地及安全设计图包括：①建筑物顶层平面图；②接地平面图；③当利用建筑物（或构筑物）钢筋混凝土内的钢筋作为防雷接闪器、引下线、接地装置时，应标注连接点、接地电阻测试点、预埋件位置及敷设方式，注明所涉及的标图编号、页次；④随图说明；⑤除防雷接地外的其他电气系统的工作或安全接地的要求。

9）其他系统设计图包括：①各系统的系统框图；②说明各设备定位安装、线路型号规格及敷设要求；③配合系统承包方了解相应系统的情况及要求，对承包方提供的深化设计图纸审查其内容。

10）主要设备表应注明主要设备名称、型号、规格、单位、数量。

11）计算书包括施工图设计阶段的计算书，只补充初步设计阶段时应进行计算而未进行计算的部分，修改因初步设计文件审查变更后，需重新进行计算的部分。

（6）给水排水。在施工图设计阶段，建筑工程给水排水专业设计文件应包括图纸目录、设计说明、设计图纸、主要设备器材表、计算书。

1）图纸目录应先列新绘制图纸，后列选用的标准图或重复利用图。

2）设计说明包括：①设计总说明；②图例。

3）建筑室外给水排水总平面图包括：①各建筑物的外形、名称、位置、标高、道路及其主要控制点坐标、标高、坡向，指北针（或风玫瑰图）、比例；②全部给水排水管网及构筑物的位置（或坐标、定位尺寸）；③对较复杂工程，应将给水排水（雨水、污废水）总平面图分开绘制，以便于施工（简单工程可绘在一张图上）；④给水管注明管径、埋设深度或敷设的标高；⑤排水管标注检查井编号和水流坡向，并标注管道接口处市政管网的位置、标高、管径、水流坡向。

4）室外排水管道高程表或纵断面图包括：①排水管道绘制高程表；②对地形复杂的排水管道以及管道交叉较多的给水排水管道，宜绘制管道纵断面图。

5）水源取水工程总平面图包括地表水或地下水取水工程区域内的地形等高线、取水头部、取水管井（渗渠）、吸水管线（自流管）、集水井、取水泵房、栈桥、转换闸门及相应的辅助建筑物、道路的平面位置、尺寸、坐标，管道的管径、长度、方位等，并列出建筑物、构筑物一览表。

6）水源取水工程工艺流程断面图（或剖面图），一般工程可与总平面图合并绘在一张图上，较大且复杂的工程应单独绘制。图中标明工艺流程中各构筑物及其水位标高关系。

7）水源取水头部（取水口）、取水管井（渗渠）平面图、剖面图及详图包括：①绘制取水头部所在位置及相关河流、岸边的地形平面布置；②绘出取水管井（渗渠）所在位置及组成形式；③详图应详细标注各部分尺寸、构造、管径及引用详图等。

8）水源取水泵房平面图、剖面图及详图包括绘出各种设备基础尺寸（包括地脚螺栓孔位置、尺寸），相应的管道、阀门、管件、附件、仪表、配电、起吊设备的相关位置、尺寸、标高等，列出主要设备器材表。

9）其他建筑物、构筑物平面图、剖面图及详图，内容包括集水井、计量设备、转换闸门井等。

10）输水管线图内容包括在带状地形图（或其他地形图）上绘制出管线及附属设备、闸门等的平面位置、尺寸，图中注明管径、管长、标高及坐标、方位。

11）给水净化处理厂（站）总平面布置图及工艺流程断面图包括：①各建筑物、构筑物的平面位置、道路、标高、坐标，连接各建筑物、构筑物之间的各种管道、管径、闸门井、检查井，堆放药物、滤料等堆放场的平面位置、尺寸；②工艺流程断面图；③各净化建筑物、构筑物平面图、剖面图及详图。

12）泵房平面、剖面图（一般指利用城市给水管网供水压力不足时设计的加压泵房，净水处理后的二次升压泵房或地下水取水泵房）包括：①平面图；②剖面图。

13）水塔（箱）、水池配管及详图内容包括水塔（箱）、水池的形状、工艺尺寸、进水、出水、泄水、溢水、透气、水位计、水位信号传输器等平面、剖面图或系统轴测图及详图，标注管径、标高、最高水位、最低水位、消防储备水位及贮水容积等。

14）循环水构筑物的平面图、剖面图及系统图。

15）污水处理内容包括：如有集中的污水处理或局部污水处理时，绘出污水处理站（间）平面、工艺流程断面图，并绘出各构筑物平面图、剖面图及详图，其深度可参照给水部分的相应图纸内容。

16）建筑室内给水排水图包括：①平面图；②系统图；③局部放大图；④详图。

17）主要设备器材表包括主要设备、器材（可在首页或相关图上列表表示），并标明名称、性能参数、计数单位、数量、备注、使用运转说明。

18）计算书，根据初步设计审批意见进行施工图阶段设计计算。

19）当为合作设计时，应依据主设计方审批的初步设计文件，按所分工内容进行施工图设计。

（7）采暖通风与空气调节。在施工图设计阶段，采暖通风与空气调节专业设计文件应包括图纸目录、设计说明和施工说明、设备表、设计图纸、计算书。

1）图纸目录应先列新绘图纸，后列选用的标准图或重复利用图。

2）设计说明和施工说明包括：①设计说明；②施工说明；③图例；④当本专业的设计内容分别由两个或两个以上的单位承担设计时，应明确交接配合的设计分工范围。

3）平面图内容包括：①绘出建筑轮廓、主要轴线号、轴线尺寸、室内外地面标高、房间名称，底层平面图上绘出指北针；②采暖平面绘出散热器位置，注明片数或长度，采暖干管及立管位置、编号，管道的阀门、放气、泄水、固定支架、伸缩器、入口装置、减压装置、疏水器、管沟及检查孔位置，注明管道管径及标高；③二层以上的多层建筑，其建筑平面相同的采暖标准层平面可合用一张图纸，但应标注各层散热器数量；④通风、空调、防排烟风道平面用双线绘出风道，标注风道尺寸（圆形风道注管径、矩形风道注宽 × 高）、主要风道定位尺寸、标高及风口尺寸，各种设备及风口安装的定位尺寸和编号，消声器、调节阀、防火阀等各种部件位置，标注风口设计风量（当区域内各风口设计风量相同时也可按区域标注设计风量）；⑤风道平面应表示出防火分区，排烟风道平面还应表示出防烟分区；⑥空调管道平面单线绘出空调冷热水、冷媒、冷凝水等管道，绘出立管位置和编号，绘出管道的阀门、放气、泄水、固定支架、伸缩器等，注明管道管径、标高及主要定位尺寸；⑦需另做二次装修的房间或区域，可按常规进行设计，风道可绘制单线图，不标注详细定位尺寸，并注明配合装修设计图施工。

4）通风、空调、制冷机房平面图和剖面图内容包括：①机房图应根据需要增大比例，绘出通风、空调、制冷设备的轮廓位置及编号，注明设备外形尺寸和基础距离墙或轴线的尺寸；②绘出连接设备的风道、管道及走向，注明尺寸和定位尺寸、管径、标高，并绘制管道附件；③当平面图不能表达复杂管道、风道相对关系及竖向位置时，应绘制剖面图；④剖面图应绘出对应于机房平面图的设备、设备基础、管道和附件，注明设备和附件编号以及详图索引编号，标注竖向尺寸和标高，当平面图设备、风道、管道等尺寸和定位尺寸标注不清时，应在剖面图标注。

5）系统图、立管或竖风道图内容包括：①分户热计量的户内采暖系统或小型采暖系统，当平面图不能表示清楚时应绘制系统透视图，比例宜与平面图一致；②冷热源系统、空调水系统及复杂的或平面表达不清的风系统应绘制系统流程图；③空调冷热水分支水路采用竖向输送时，应绘制立管图并编号，注明管径、标高及所接设备编号；④采暖、空调冷热水立管图应标注伸缩器、固定支架的位置；⑤空调、制冷系统有自动监控时，宜绘制控制原理图，图中以图例绘出设备、传感器及执行器位置，说明控制要求和必要的控制参数；⑥对于层数较多、分段加压、分段排烟或中途竖井转换的防排烟系统，或平面表达不清竖向关系的风系统，应绘制系统示意或竖风道图。

6）通风、空调剖面图和详图内容包括：①风道或管道与设备连接交叉复杂的部位，应绘制剖面图或局部剖面图；②绘出风道、管道、风口、设备等与建筑梁、板、柱及地面的尺寸关系；③注明风道、管道、风口等的尺寸和标高，气流方向及详图索引编号；④采暖、通风、空调、制冷系统的各种设备及零部件施工安装，应注明采用的标准图、通用图的图名图号，凡无现成图纸可选，且需要交代设计意图的，均需绘制详图，简单的详图，可就图引出，绘制局部详图。

7）计算书包括：①采用计算程序计算时，计算书应注明软件名称，打印出相应的简图、输入数据和计算结果；②采暖设计计算书；③通风、防排烟设计计算书；④空调设计计算书。

（8）热能动力。在施工图设计阶段，热能动力专业设计文件应包括图纸目录、设计说明和施工说明、设计图纸、设备及主要材料表、计算书。

1）图纸目录应先列新绘制的设计图纸，后列选用的标准图、通用图或重复利用图。

2）锅炉房图内容包括：①热力系统图；②设备平面布置图；③管道布置图；④剖面图；⑤其他图纸：根据工程具体情况绘制机械化运输平面图、剖面布置图、设备安装详图、水箱及油箱开孔图、非标准设备制作图等。

3）其他动力站房图内容包括：①管道系统图（或透视图）；②设备及管道平面图、

剖面图。

4）室内管道图内容包括：①管道系统图（或透视图）；②平面图；③安装详图（或局部放大图）。通用图图册名称及索引的图名、图号；其他情况应绘制安装详图。

5）室外管网图内容包括：①平面图；②纵断面图（比例：纵向为 1∶500 或 1∶1000，竖向为 1∶50）；③横断面图；④节点详图。

6）设备及主要材料表应列出设备及主要材料的名称、性能参数、单位和数量、备用情况等，对锅炉设备应注明锅炉效率。

7）计算书包括：①锅炉房的计算书；②其他动力站房计算书；③室内管道计算书；④室外管网计算书。

6. 施工图设计文件的内审与验收

（1）在设计单位按规定对施工图设计文件进行审查，完成施工图设计后，设计管理部（组）应根据《设计质量控制计划》，组织项目部有关部门对有关设计文件进行建设单位内审。

（2）施工图设计文件的内审应包括如下两个方面文件的审查：对设计结果文件的审查及对设计单位所进行设计评审、设计验证的记录的审查。内审内容按上述施工图设计的基本要求和施工图设计文件审查要点，并应特别注意过分设计、不足设计两种极端情况。

（3）填写《设计文件审查表》，报项目部项目经理和建设单位有关技术部门、技术负责人等批准后，反馈给设计单位，设计单位据此修改完善设计文件。

（4）此项工作反复进行，直至建设单位签署《设计文件验收单》为止。设计文件验收后方可报送施工图审图机构。

（5）对施工图审查机构的审查结果和具体意见，应要求原设计单位进行修改，并将修改后的施工图报原审查机构审查。修改完成的施工图作为项目设备、材料采购、施工招标投标等的依据。

7. 施工图设计文件审查要点

为指导全国的施工图审查工作，引导审查人员抓住重点、规范操作，保证审查质量，住房和城乡建设部制定了《建筑工程施工图设计文件技术审查要点》（以下简称《要点》）供施工图审查机构进行民用建筑工程施工图技术性审查时参考使用。工业建筑工程的施工图，可根据工程的实际情况参照本要点进行审查。简要介绍如下：

《要点》主要由三部分组成，一是工程建设强制性条文，该部分内容以住房和城乡建设部正式颁布的文件为准；二是条文以外的部分强制标准规范，这部分内容是从众多的一般强制性标准规范中筛选出来的，所涉及标准内容以现行规范规程内容为准；三是勘察设计文件的编制深度。各省、自治区、直辖市人民政府建设设计行政主管部门可根据本地区的实际适当增加有关内容，作出必要的补充规定。

施工图审查要点如下：

（1）建设单位报请施工图技术性审查的资料

建设单位报请施工图技术性审查的资料应包括以下主要内容：

1）作为设计依据的政府有关部门的批准文件及附件。

2）审查合格的岩土工程勘察文件（详勘）。

3）全套施工图（含计算书并注明计算软件的名称及版本）。

4）审查需要提供的其他资料。

（2）施工图技术性审查应包括以下主要内容：

1）是否符合工程建设标准强制性条文和其他有关工程建设强制性标准。

2）地基基础和结构设计等是否安全。

3）是否符合公众利益。

4）施工图是否达到规定的设计深度要求。

5）是否符合作为设计依据的政府有关部门的批准文件要求。

（3）建筑专业的审查要点

1）编制依据：建设、规划、消防、人防等主管部门对本工程的审批文件是否得到落实，如人防工程平战结合用途及规模、室外出口等是否符合人防批件的规定；现行国家及地方有关本建筑设计的工程建设规范、规程是否齐全、正确，是否为有效版本。

2）规划要求：建筑工程设计是否符合规划批准的建设用地位置，建筑面积及控制高度是否在规划范围内。

3）施工图深度：设计说明基本内容；图纸基本要求；建筑设计重要内容。

4）强制性条文：现行建筑专业设计规范强制性条文。

5）建筑设计重要内容：室内环境设计；防水设计；无障碍设计；托儿所、幼儿园；中、小学学校；商店；饮食建筑；汽车库；医院；住宅。

6）建筑防火重要内容：多层建筑防火；高层建筑防火；室内装修防火。

7）国家及地方法令、法规。

（4）结构专业的审查要点

1）强制性条文：现行工程建设标准强制性条文。

2）设计依据：工程建设标准；建筑抗震设防类别；建筑抗震设计参数；岩土工程勘察报告。

3）结构计算书：软件的适用性；计算书的完整性；计算分析；结构构件及节点。

4）结构设计总说明。

5）地基和基础：基础选型与地基处理；地基和基础设计。

6）混凝土结构：结构布置；结构计算；配筋与构造；钢筋锚固、连接；钢筋混凝土楼盖；预应力混凝土结构；耐久性。

7）多层砌体结构：结构布置；结构计算；构造。

8）底部框架砌体结构：结构布置；结构计算；构造。

（5）给水排水专业审查要点

1）强制性条文：《建筑给水排水设计标准》GB 50015—2019 等设计规范的强制性条文。

2）设计依据：设计采用的设计标准、规范是否正确，是否为现行有效版本。

3）系统设计总体要求：给水、排水、热水等各系统设计是否合理，设计技术参数是否符合标准、规范要求；是否按消防规范的要求，设置了相应的消火栓、自动喷水、气体消防、水喷雾消防和灭火器等系统和设施，消防水量水压、蓄水池和高位水箱容积等技术参数是否合理；水泵、水处理设备、水加热设备、冷却塔、消防设施等选型是否安全，是否符合系统设计的需要。

4）给水系统。是否符合《建筑给水排水设计标准》GB 50015—2019 相关规定。是否符合《二次供水设施卫生规范》GB 17051—1997 第 5.1 条有关建筑物内的水箱或蓄水池设置、容积、材质的设计规定，以及《住宅设计规范》GB 50096— 2011 和《中小学校设计规范》GB 50099—2011 的相关强制性规定。

5）排水系统。是否符合《建筑给水排水设计规范》GB 50015—2019 的相关规定。是否符合《住宅建筑规范》GB 50368—2005 的强制性条文规定，以及《人民防空地下室设计规范》GB 50038—2005 的强制性条文规定。

6）消防设计。是否符合《建筑设计防火规范》（2018 年版）GB 50016—2014 的有关建筑物消防水箱或气压水罐、水塔设置、消防用水量、灭火器配置、消防水泵、水幕系统、防火门等的强制性条文的设计规定。是否符合《汽车库、修车库、停车场设计防火规范》GB 50067—2014 中对汽车库、修车库自动喷水灭火系统的设计规定。

7）高层建筑内明敷管道，当设计要求采取防止火灾贯穿措施时，应符合《建筑排水塑料管道工程技术规程》CJJ/T 29— 2010 的规定。

8）施工图的设计深度是否符合《建筑工程设计文件编制深度规定》（2016 年版）。

（6）暖通专业的审查要点

1）强制性条文：《工程建设标准强制性条文》（房屋建筑部分 2016 年版）。

2）设计依据：设计采用的设计标准、规范是否正确，是否为有效版本。

3）基础资料：室外气象资料、室内设计标准、建筑热工计算。

4）防排烟：应满足《人民防空工程设计防火规范》GB 50098—2009、《汽车库、修车库、停车场设计防火规范》GB 50067—2014、《洁净厂房设计规范》GB 50073—2013 的相关规定。

5）通风、空调系统的防火措施：应满足《洁净厂房设计规范》GB 50073—2013 的相关规定。

6）环保与卫生：地下汽车库换气应满足《车库建筑设计规范》JGJ 100—2015 第 6.3.4 条规定。饮食建筑油烟排放应符合《饮食业油烟排放标准》GB 18483—2001 表 2 的规定。环境噪声控制应符合《声环境质量标准》GB 3096—2008 各种区域的环境噪声规定。降低设备噪声的措施应符合《工业建筑供暖通风与空气调节设计规范》GB 50019—2015 的规定。

7）安全设施：采暖通风系统应满足《工业建筑供暖通风与空气调节设计规范》GB 50019—2003 的规定。锅炉房应符合《锅炉房设计标准》GB 50041—2020 的规定。人防地下室应符合《人民防空地下室设计规范》GB 50038—2005 的规定。

8）施工图的设计深度是否符合《建筑工程设计文件编制深度规定》（2016 年版）。

（7）电气专业审查要点

1）深度要求。

2）总体工程电施设计文件。

3）单体工程电施设计文件。

4）总体工程弱电施设计文件。

5）单体工程弱电施设计文件。

（8）总说明要求

1）工程概况及设计依据。建筑概况：建筑防火类别、面积、层数、性质、人防等级及工程类型、车库类别厂房生产、仓库储存物品的火灾危险性分类；爆炸和火灾危险环境区域的划分；工厂、仓库、低层公共建筑的室外消防用水量；有关职能部门对工程设计的批复或建设方提出的要求。

2）设计范围。电气专业的设计内容；根据设计深度要求应同步设计的若有缺项，必须阐述原因；合作设计的工程明确分工范围。

3）负荷级别及电源。

4）变配电所。

5）线路敷设。配电线路敷设方式，导线穿管要求、根数与管径的选择；电线、电缆在金属线槽，电缆在桥架内敷设要求；配电线路穿越楼层、穿防火分区隔墙的防火封堵、防火隔断要求，高层建筑的电缆穿越变形缝敷设时的防火措施；消防配电线路的防火措施；爆炸和火灾危险环境线路的敷设要求。

6）设备安装。

7）防雷。建筑物的防雷类别：建筑物防直击雷、防雷电波侵入、防雷击电磁脉冲的措施。

8）接地。低压配电系统的接地形式（TN-S、TN-C、TN-C-S、TT、IT），接地装置电阻值要求；电源进线的 PE、PEN 线的重复接地要求；不间断电源输出端的中性线、金属电缆桥架、电缆沟内金属支架及灯具距地面高度小于 2.4m 的接地要求；弱电系统的接地要求；总等电位、局部等电位的设置要求。

9）人防。人防电力负荷等级，备用电源来源；配电线路敷设、穿越防护密闭墙的处理要求；人防区域电源的重复接地要求。

10）火灾自动报警系统。系统保护对象的等级，消防控制室位置；消防联动、监控要求；火灾应急广播的主、备用扩音机容量，与背景音乐广播的关系，或火灾警报装置的配置、安装方式；消防专用电话的设置要求；系统设备的安装位置，设备的安装高度；消防控制、通信和警报线路的选型、敷设方式及防火措施。

11）有线电视系统。用户终端配置标准、输出电平值；线路选型、敷设方式；设备安装方式、安装高度。

12）电话系统。用户终端配置标准、电信机房位置；线路选型、敷设方式；设备安装方式、安装高度。

13）综合布线系统，综合布线系统设计标准；楼层配线间、总配线间位置；线缆选型、敷设方式；设备选型、安装方式、安装高度。

14）闭路监视电视系统。闭路监视电视系统的配置标准；线路选型、敷设方式；设备安装方式、安装高度。

15）保安对讲系统。对讲系统的配置标准；线路选型、敷设方式；设备安装方式、安装高度。

16）总体设计说明。总用电量、电信容量、电视终端容量等；电气线路的敷设方式；电气线路、管沟与其他专业管线管沟并行、交叉时的最小间距要求；电气线路在车道下敷设的保护措施；室外水下照明、音乐喷泉水泵等配电安全保护接地要求；道路照明、庭院照明、泛光照明等室外照明的管线选择、敷设和接地要求；电力电缆沟内支架的接地要求。

17）其他。施工时应严格按国家有关施工质量验收规范、施工技术操作规程执行；其他需要说明的内容。

3.5.5　施工图设计阶段的投资控制

施工图设计是初步设计的细化与优化。施工图设计阶段的投资控制重点是监控施工图设计按照初步设计进行，强化建设项目的经济性，严格控制设计限额，施工图预算比较设计概算并及时纠偏，必要时对施工图设计进行修改或调整，以使施工图预算控制在设计概算的范围以内。

在施工图设计阶段后续的施工阶段，还要承担施工招标与合同以及设计技术交底等环节中有关投资控制的任务。

施工图阶段投资控制的主要任务有：

（1）编制施工图设计要求文件中有关投资控制的内容。

（2）根据批准的设计总概算，确定施工图设计的设计限额。

（3）编制施工图设计阶段资金使用计划并控制其执行，必要时对上述计划提出调整建议。

（4）跟踪检查施工图设计，对设计各要素结合施工、材料、设备等方面作必要的市场调查和技术经济论证，并提出咨询报告，如发现设计可能会突破设计限额，则配合设计人员协同解决。

（5）控制设计变更，注意审核设计变更的结构安全性、经济性等。

（6）审核施工图预算，比较设计概算，提出纠偏或调整建议和投资控制报表及报告。

（7）审核各种特殊专业设计的预算，比较设计概算，提交投资控制报表和报告。

（8）采用价值工程等方法，在充分考虑满足项目功能的条件下进一步寻求节约投资的可能性，如有必要调整总投资计划。

（9）审核和处理设计过程中出现的索赔和与资金有关的事宜。

（10）编制本阶段投资控制报表和报告。

（11）编制施工图设计阶段投资控制总结报告。

3.5.6 施工图设计阶段的进度控制

施工图设计在批准的初步设计文件（或扩初、技术设计文件）基础上进行。经审查批准的施工图设计文件作为设计阶段的最终成果，是采购、施工等后续建设阶段工作的直接依据，承担着更大的责任。与方案设计和初步设计相比，施工图设计的完整性、准确性和深度要求高，工作量大、设计工期长，影响因素与潜在风险也较多。施工图设计的进度对后续工作的展开关系更直接，影响更明显。因此，对施工图设计的进度控制更应郑重其事，科学应对。施工图阶段设计进度控制的主要工作内容有：

（1）实施施工图设计进度计划，初步设计文件批准后，抓紧展开施工图设计招标投标、确定设计单位、策划和签订设计合同工作，并按计划控制其时间，促使设计单位按计划时间启动施工图设计程序。

（2）熟记招标文件和合同文件中有关进度控制的条款，有理、有据、有节地处理设计过程中出现的延误进度的各种问题。

（3）按约及时提供施工图设计基础资料；编制业主方提供的材料和设备采购计划；编制进口材料、设备清单，以便报关。

（4）在施工图设计过程中，遵循建设周期规律，在清楚项目各分项、分部工程施工先后顺序的基础上，有条不紊，有所侧重地安排施工图设计进度控制工作。

（5）重点跟踪检查各专业施工图设计进度执行情况，监控各专业交叉设计时可能产生的无序情况和设计接口问题及其引起的设计工期延误；应及时与设计方协调，力促上下游专业间保持密切联系和有效沟通，避免因技术误解而造成资源和时间的浪费。

（6）协调主设计单位与分包设计单位的关系，协调主设计与特殊专业设计、基本设计图与详图的关系，从而保证各设计单位、各专业按进度计划高质量地完成所承担的设计任务。

（7）协同设计单位，及时审核设计文件，做出认可与否的决定；控制设计过程中的变更及其实施的时间；避免因业主方的违约而影响或延误设计进度。

（8）督促设计单位按约及时提交设计进度报告。

（9）控制设计文件设计单位内审时间，督促其按计划顺序及时出图并保证符合出图程序及提交规定。

（10）施工图设计文件经内部审核认可后，及时按规定送施工图审查机构，并做好与施工图审查机构的沟通协调工作，督促其按时审毕，以便及时按其提出的审查批复意见修改，并控制修改进度。

（11）编制施工图设计阶段进度控制总结报告。

3.6　小结

本章在借鉴传统 DBB 模式设计管理方法的基础上，梳理了设计阶段设计管理的主要任务，总结了工程总承包模式下设计阶段的设计管理方法。

工程总承包项目的设计过程从招标投标开始，可依次划分为前期策划阶段、方案设计阶段、初步设计阶段和施工图设计阶段。对应于各设计阶段的设计流程，提出了适用于基层项目部的分阶段设计管理流程，具有较强的针对性和实操性。

通过整理相关研究资料，各阶段的设计管理工作要点大致归纳如下：

（1）前期策划阶段主要负责项目投标和设计准备。本部分通过对项目前期策划阶段的设计管理过程进行分析，提出了前提策划阶段概念设计管理流程图，介绍了前期策划阶段的设计管理主要工作内容，总结了前期策划阶段进行质量控制、投资控制和进度控制的措施。本阶段质量控制重点为投标方案中的设计质量计划、设计团队资质和设计输入控制；投资控制重点为辨识风险，确定项目设计限额；进度控制重点为及时向设计部门、设计分包提供设计基础资料并提前熟悉项目总进度控制目标和设计进度管理目标。

（2）方案设计阶段主要负责方案设计过程的管理。本部分通过对方案设计阶段的设计管理过程进行分析，提出了方案设计阶段设计管理流程图，总结了方案设计阶段进行质量控制、投资控制和进度控制的措施。本阶段质量控制重点为方案比选和方案设计文件深度；投资控制重点为方案优化、设计估算并确定初步设计的设计限额；进度控制重点为控制设计方案送审报批和批后修改设计进度计划时间。

（3）初步设计阶段主要负责初步设计过程的管理。本部分通过对初步设计阶段的设计管理过程进行分析，提出了初步设计阶段设计管理流程图，总结了初步设计阶段进行质量控制、投资控制和进度控制的措施。本阶段质量控制重点为各设计专业技术路线的细化和专业间的技术协调；投资控制重点为确定主要技术经济指标、编制初步设计总概算并提出施工图设计的投资控制目标；进度控制重点为协调设计接口（各专业之间，各设计单位或设计分包之间，设计单位与供应商之间用于工程设计而需要交换的信息）、控制初步设计送审报批和批后修改设计进度计划时间。

（4）施工图设计阶段主要负责施工图设计过程的管理。本部分通过对施工图设计阶段的设计管理过程进行分析，提出了施工图设计阶段设计管理流程图，总结了施工图设计阶段进行质量控制、投资控制和进度控制的措施。本阶段质量控制重点为各设计专业之间的协调以及施工图设计文件的质量、深度、完整性和可施工性；投资控制重点为严格控制施工图预算的设计限额在设计概算的范围以内；进度控制重点为协调设计接口（各专业之间，各设计单位或设计分包之间，设计单位与供应商之间用于工程设计而需要交换的信息）、控制施工图送审报批和审图回复修改时间。

本章参考文献

[1]　王贵山.项目前期策划的重要性及前期设计阶段存在的问题和对策 [J].黑龙江科技信息，2008（21）：266.

[2]　陈偲勤.EPC 承包模式中的设计管理研究 [D].重庆：重庆大学，2010.

[3]　周子炯.建筑工程项目设计管理手册 [M].北京：中国建筑工业出版社，2013.

CHAPTER 4

第 4 章

工程总承包项目采购阶段的设计管理

广义的项目采购包括货物、工程和服务的整个采办过程。本书中的项目采购主要是指采用各种采购方式从项目系统外部对建设项目实施所需的材料和设备等进行的采购活动过程，其中以选择合格供货商及其产品为主要内容。工程项目的采购管理就是针对工程项目采购过程而实施的管理，即对项目的勘察、设计、施工、资源供应、咨询服务等采购工作进行的计划、组织、指挥、协调与控制等活动。

大多数工程总承包模式（如 EPC、EP、PC 等）中的采购工作都需要总承包商来承担。以 EPC 总承包模式为例，采购工作在设计、采购和施工之间的逻辑关系中处于承上启下的中心位置，采购管理也因此成为 EPC 总承包模式下的三大重要管理环节之一（图 4-1）。

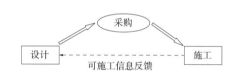

图 4-1 EPC 项目中设计、采购和施工间的逻辑关系

在工程总承包项目的实施过程中，如果将设计阶段与采购工作两个关键节点融合在一起，不仅可以在合理调整周期的前提下缩短整个项目的工期，而且有很多需要在设计（特别是深化设计）完成后才可以确认的但是直接影响工程进度的大宗材料和设备可提前进入采购环节中，从而保证项目实施过程中不会因为采购材料与设备没有按时到货影响施工进度。更重要的是在每个项目关键节点量化出具体的采购指标，随着项目设计的不断深化，在项目整体设计完成之日，整个项目的建造成本也随之确定。这样的优势就是总承包商和分包商都对整个项目的成本做到心中有数，实现了采购与施工的相对透明化。

设计与采购的配合是总承包项目管理的要点和特点之一。本章将对工程总承包项目采购阶段的设计管理工作进行研究，重点阐述如何通过加强设计管理来配合采购工作的顺利开展。

4.1 采购阶段的设计管理概述

对于民用总承包项目来说,材料的采购种类较为繁杂。对于工业总承包项目来说,中、大金额的设备采购是重点。材料及设备的采购过程中,必须明确相关技术指标,如品种、规格、材质、技术参数、工艺要求等。因此项目设计部门参与设备材料采购的主要环节非常重要,从招标技术文件编制、技术评标、技术谈判,到技术交底等,都需要设计人员的参与。

设备材料招标、询价之前,采购部门需要从设计部门获得设备和材料的技术规格书及请购清单;供货商提交投标书后,设计部门要进行技术评定、评标,并向采购部门提供合格厂家的技术评定结果和建议;采购部门依据技术评定结果进行商务评标;采购部门在与厂商进行技术、商务谈判时,也应要求设计部门参加;采购部门在得到制造厂商提供的详细制造图纸后,要交设计部门审查确认等。

为了保障采购工作的顺利进行,设计图纸应满足以下两个基本要求:

(1)采购开始前,设计图纸应达到招标图纸深度,避免因图纸漏项、深度不足影响采购进度。

(2)采购过程中,设计图纸应根据设计进度和实际采购结果及时更新并发送相关单位,避免因图纸与设备实际不符,影响设备安装进度。

综上,在采购阶段设计管理的主要工作以配合为主。

4.2 采购阶段的设计管理要领

4.2.1 设计单位在项目采购中的工作及其要求

材料设备采购是设计工作的组成部分,设计在材料设备采购过程中需完成一定的工作,承担规定的质量责任和义务。通常设计在设备材料采购过程中的工作及其要求如下:

(1)《建设工程质量管理条例》在条文中对设计单位的质量责任和义务有明确规定:设计文件选用的建筑材料、建筑构配件和设备,应当注明其规格、型号、性能等技术指标,其质量要求必须符合国家规定的标准。

(2)设计工作应与采购、施工等进行有序衔接并处理好接口关系。

(3)按设备材料控制程序,严格设备材料数量统计,及时提出请购文件及询价技术文件,明确设备材料等级、规格和技术要求。请购文件应包括请购单、设备材料规格书和数据表、设计图纸、采购说明书、适用的标准、规范和其他有关的资料、文件。

(4)负责对制造厂商的报价提出技术评价意见,并进行可施工性分析,供采购部门选择、确定供货厂商。

（5）参加厂商协调会，参与技术澄清和协商。

（6）审查确认制造厂商返回的先期确认图纸及最终确认图纸。

（7）在设备制造过程中，协助采购部门处理有关设计、技术问题。

（8）必要时参与关键设备和材料的质量检验工作。

4.2.2　项目采购过程中的设计管理及其要领

在项目采购过程中，设计管理工作及其要领主要有：

1. 在设计阶段将项目采购工作纳入设计管理

（1）设计过程中以项目采购管理制度、采购计划和合同为依据，对设计应在材料设备采购过程中的工作实施控制，协调设计单位及时有效完成与项目采购相关的工作。

（2）加强动态跟踪检查、发现问题及时与相关管理部门和设计人员沟通，采取措施予以纠正，为采购工作创造良好设计条件，重点审查以下内容的规范性和准确性，并控制关键接口的进度。

1）设计部门向采购部门提交的设备材料请购文件和询价技术文件（建筑材料、构配件和设备应在设计图纸中表达全面、清晰）；

2）设计部门对报价技术文件的评审与结论；

3）采购部门向设计部门提交的关键设备资料和供货商图纸；

4）设计部门对供货商图纸（先期确认图及最终确认图）的审查、确认和返回。

（3）在对图纸进行内部审查以及施工前的图纸会审中，汇总相关材料设备采购的问题并提出初步处理意见，并与设计单位沟通，提出设计技术交底的有关材料设备采购方面的需求。

（4）建立技术资料审核确认机制，如图4.2-1所示。分别按照路线①、路线②对采购相关的技术资料进行审查、确认和返回。

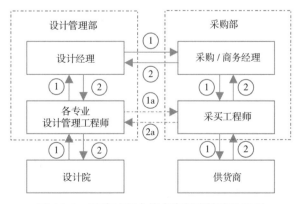

图 4.2-1　采购过程中技术资料审核确认机制

2. 参与或协助采购管理

（1）参与或协助编制项目采购计划，选择采购方式、招标或其他方式的实施，供货商报价技术评审和技术谈判，确认来自供货商的相关技术资料，明确设备材料等级、规格和技术要求等工作。

（2）参与或协助对合格供应商的选择与管理。

（3）参与采购合同的策划与签订。

3. 参与采购变更管理

（1）负责与设计有关的材料设备变更，协助建立采购变更管理程序和规定。

（2）了解变更的范围、内容、理由及处理措施、变更的性质和责任承担方、对采购的要求和对项目进度与费用的影响。

（3）协助制定变更实施计划并按计划实施，负责与设计有关的材料设备变更。

（4）严格控制影响采购进程的设计变更，特别是设计变更会涉及采购周期较长，或已经签订了采购合同的设备材料，以免产生违约甚至法律风险。

4. 参与材料设备的检验

（1）应熟悉采购合同及附件，根据采购合同的规定制定检验计划，组织具备相应资格的检验人员根据设计文件和标准规范的要求进行设备、材料制造过程中的检验以及出厂前的最终检验。

（2）对于有特殊要求的设备材料，应委托有相应资格和能力的单位进行第三方检验并签订检验合同。

（3）根据采购合同检查交付的产品和质量证明资料，填写产品交验记录并按规定编制检验报告。检验报告一般包括以下内容：①合同号、受检设备材料的名称、规格、数量；②供货商的名称、检验场所、起止时间；③各方参加人员的姓名、职务；④供货商使用的检验、测量和试验设备的控制状态并附有关记录；⑤检验记录；⑥检验结论。

5. 参与采购不合格品的控制工作

采购不合格品是指采购产品在验收、施工、试车和保质期内发现的不合格品。采购过程中经评审确认的不合格品，必须严格按规定处置。当产品验收、施工、试车和保质期内发现产品不符合要求时，必须对不合格产品进行记录和标识，并区别不同情况，按合同和相关技术标准采用返工、返修、让步接收、降级使用、拒收等方式进行处置。如有必要，还应协调设计人员进行复核，提出补救或处理方案。

6. 参与施工材料封样

为了保证工程材料、设备的质量符合设计和使用要求，避免施工过程中产生不必要的合同纠纷，同时为工程结算审计提供依据，设计管理人员配合项目人员制定材料、设备样品封样标准。

4.3　小结

本章在整理、归纳相关研究资料的基础上，对工程总承包模式下采购阶段的设计管理工作进行了梳理总结。工作要领整理如下：

（1）设计协调。协调设计部门、设计分包完成采购相关工作，例如在采购开始前提供招标图纸，采购过程中对制造厂商提供的详细制造图纸进行审查确认，采购过程中及采购完成后根据设计进度和实际采购结果及时更新设计图纸等。

（2）设计审查。审查设计部门、设计分包提供的招标图纸，避免图纸漏项或深度不足；审查制造厂商提供的详细制造图纸；审查因采购引起的设计变更或图纸更新并将最新图纸发送给相关单位。

（3）采购管理协助。协助采购部门完成采购管理工作，例如采购计划编制、采购招标、拆包封样、采购变更管理、材料设备检验、不合格品控制等。

本章参考文献

[1]　周子炯 . 建筑工程项目设计管理手册 [M]. 北京：中国建筑工业出版社，2013.

[2]　龙剑雄 .EPC 总承包模式下工程项目采购管理模式及绩效评价研究 [D]. 西安：西安建筑科技大学，2011.

[3]　彭体操 . NX 石化项目 EPC 总承包模式下的采购管理研究 [D]. 南宁：广西大学，2015.

[4]　王健 . 石油企业 EPC 总承包项目物资采购管理模式研究 [D]. 天津：天津大学，2015.

[5]　陈伟 . 工程总承包采购管理中应注意的几个问题 [J]. 当代石油石化，2014，22（4）：31-33.

CHAPTER 5

第 5 章

工程总承包项目施工阶段的设计管理

传统 DBB 模式下，设计与施工分离，因设计问题造成施工阶段的工期延误和费用损失是常见问题。在工程总承包项目中，将设计管理工作延伸至施工阶段，加强设计与施工的深层交流协作，是总承包模式的一大优势。

施工阶段的设计管理工作同样是以项目目标管理为核心任务展开的，只是工作内容与侧重点有所不同，而且更需要面对多主体、覆盖多方面的综合交叉管理。

与项目其他实施阶段相比，施工阶段是形成工程实体、工期最长的阶段。在工程总承包模式下，施工阶段的参与主体包括业主方（建设单位）、总承包商、施工部门、监理单位、设计单位和材料设备供货单位等，施工、采购与设计管理工作之间根据项目建设的实际需要互相交叉。合理紧凑有序的交叉，是缩短建设周期、降低工程费用的机会，也可能带来影响工程质量等风险的威胁。因此，对设计管理而言，面对该阶段多方面多环节的综合交叉管理工作，需要紧紧围绕"三控制"核心任务，将设计管理工作覆盖施工、采购等全过程，并妥善处置好设计与工程土建施工、设备安装和采购等工作界面的接口关系。

其中，设计与采购的配合在第 4 章中已进行过详细阐述，本章将主要对工程总承包项目施工阶段的设计管理工作进行研究，分析总承包商施工阶段设计管理的工作内容，同时提出该阶段设计管理工作的开展方法。

本章还将结合优化设计和深化设计的项目实施经验，研究深化优化设计管理的方法和流程。施工总承包项目中，施工总承包商一般仅负责深化设计。笔者单位近些年来还提出了"双优化"工作要求。施工总承包项目的设计管理工作要求可直接参照本章内容。

5.1 施工阶段的设计管理概述

工程总承包模式下，总承包商代替业主方负责各环节的综合管理工作。施工阶段总承包商设计管理的主要工作如下：

（1）参与对施工组织设计的审查，对实现设计意图的主要施工技术方案、质量、进度及费用保证措施做必要的论证。

（2）准确、齐全地向施工管理部门、监理单位等有关单位提供施工图设计文件和有关工程施工的资料。

（3）施工前组织设计、监理、施工管理部门、施工分包进行施工图设计会审和设计交底。设计单位应向各参与方详细说明设计意图，解释设计文件，明确设计要求；各参与方共同协商解决提出的设计与施工及材料设备采购接口关系中的问题等。

（4）综合考虑可施工性、工程造价等因素，组织设计部门或专业优化公司进行设计优化，协调主设计单位和相关部门对优化设计进行审核确认。

（5）组织深化设计部门或深化设计分包商完成深化设计，协调主设计单位和相关部门对深化设计进行审核确认，组织深化设计交底和实施。

（6）定期召开设计例会或其他技术例会，协同施工管理部门做好施工过程中的相关设计接口工作，处理设计与施工质量、进度、费用之间的接口关系。

（7）参与现场质量控制工作，参与工程重点部位及主要设备安装的质量监督等。必要时，召开专项技术会或重大技术方案研讨会并组织设计专业人员到施工现场，参与施工中主要技术问题的设计校核与处理，并提出相应技术措施，解决相关技术问题等。

（8）督促设计单位配合施工，协同设计单位参加施工中主要技术问题的设计校核与处理等。

（9）进行有关设计的施工质量跟踪检查，发现偏差时，及时与设计、施工和监理等单位沟通，处理并解决现场问题。

（10）严格控制工程变更，及时审核、处理设计变更（包括设备材料的变更），协调设计单位修改设计文件并签发设计变更通知书。工程变更造成合同工程的工程量发生变化，施工进度和费用亦随之发生变化，故应包括因变更而引起的施工进度和费用控制工作。

（11）参与有关施工过程中的投资控制工作，协助合理确定工程结算价款，控制工程款支付的条件，工程进度款的支付以及索赔等。

（12）参与处理工程质量事故，包括事故分析，提出处理的技术措施，或对处理措施组织技术鉴定等。对于因设计造成的质量事故，由设计管理人员主持处理并协调设计单位提出相应的技术处理方案。

（13）参与重要隐蔽工程、单位、单项工程的中间验收，整理工程技术档案等；协同有关部门做好项目竣工收尾准备的相关管理工作。

（14）明确与政府相关管理部门、施工、采购和有直接关系的市政配套单位之间在设计工作方面的关系，全面及时地做好设计沟通协调工作。

（15）按信息管理规定要求，负责做好设计管理职责内的包括项目文件资料管理的信息管理工作。

5.2 施工阶段的设计管理要领

5.2.1 设计会审和设计交底

1. 设计会审和设计交底的概念

总承包模式下，设计会审和设计交底由总承包商的设计管理人员牵头，在施工前组织设计单位、施工管理部门、施工分包和监理单位及其他相关参建单位进行施工图设计会审，以及由设计单位向施工管理部门和施工分包作设计技术交底的活动。

设计会审和设计交底既是法律法规规定的相关各方的义务和责任所在，也是项目施工前的一项重要准备工作，还是保证工程顺利施工的必要步骤，更是参建主体在项目施工实施中有效控制施工质量、进度、费用目标的重要环节。

2. 设计会审和设计技术交底的目的

（1）使项目施工的各参与主体全面熟悉施工图设计文件、充分了解工程特点、融会贯通设计意图和技术要求，尤其是关键部位的质量要求。

（2）及时发现和减少设计文件存在的差错，提出改进意见，并进行纠正修改；对需要解决的技术难题，解决于项目施工之前。

（3）使设计施工图纸更符合施工现场的具体要求，尽可能在施工之前消灭设计质量隐患，避免影响工期和浪费资源、资金。

3. 设计会审和设计交底的组织

（1）设计会审和设计交底应在施工开始前完成。总承包模式下，一般由总承包商负责组织，以会议形式进行。当业主方委托了项目管理单位时，则由项目管理单位牵头。对于复杂的大型工程项目，业主方、总承包商的项目管理机构应先组织内部各专业技术人员进行设计预审，汇总所发现的问题并提出初步处理意见，做到在会审前对设计已基本了然。条件允许的情况下，设计会审可提前至施工图完成后、外部送审之前进行。

设计交底是设计单位的质量责任之一。设计单位必须依据国家设计技术管理的有关规定，对提交的施工图纸，进行系统的设计技术交底，应当就审查合格的施工图设计文件向总承包商施工管理部门、施工分包和承担施工阶段监理任务的监理单位等相关参建单位作出详细说明。参加设计会审和设计交底的各方都应郑重其事，认真处之。

（2）设计会审和设计交底的流程。①总承包商的施工管理部门、施工安装单位及时组织专业技术人员对设计文件进行自审，并对照现场逐一核实，在熟知设计文件内容和现场实际情况的前提下，参加设计会审和设计交底会议；并与设计单位沟通，提出设计技术交底的有关需求。②由总承包商主持会议并介绍准备情况和会议议程等。③由设计单位介绍工程概况与特点、设计依据、设计意图、各设计专业接口关系和技术要求，以及土建施工与设备安装注意事项等。④由施工管理部门、施工分包提出施工图设计文件中存在的或有异议的问题，需要解决的施工技术难题，通过研讨协商拟定解决方案；对不清楚或交底不明确的问题，商请设计单位再次答疑。⑤设计会审、技术交底内容和对有关事项的处理意见以会议纪要形式记录在案，与会各方会签。

4. 设计会审和设计交底的主要内容

（1）设计是否符合现行国家和行业有关法规和规定；施工图纸是否经过设计单位各级人员签署；有无续图供应，有无分期供图的时间表。

（2）对照合同技术条款，审查工作范围有无差异，检查技术标准和要求有无变化。

（3）检查设计项目的工程量计算是否规范、正确。

（4）施工设计说明、图纸内容是否齐全、表达深度是否满足施工需要。

（5）地质勘察资料与外部资料是否齐全，抗震、防火、防灾、安全、卫生、环保是否满足要求。

（6）场地设计建筑设计是否与建设基地自然条件和社会环境一致。

（7）结构设计是否与工程地质条件紧密结合，是否符合抗震设计要求。

（8）设备说明书是否详细，与规范、规程是否一致；施工图与设备、特殊材料的技术要求是否一致。

（9）各专业设计详图是否齐全，标注有无遗漏，表示方法是否规范。

（10）主要材料来源有无保证，能否代换；新技术、新材料的应用是否落实。

（11）多个设计单位设计的施工图之间有无相互矛盾。

（12）建筑、结构、设备等专业设计接口是否协调一致，各工程组成部分设计接口是否有误。

（13）总图与专业图之间；基本图与详图之间；平面图、立面图、剖面图之间；坐标轴线、平面位置、尺寸与竖向位置、标高之间；管线、道路交叉连接，或与建筑物之间有无矛盾，是否做到严丝合缝。

（14）选用的建筑材料、建筑构配件和设备是否详细注明规格、型号、数量、性能等技术指标。

（15）地基处理方法是否合理；建筑与结构构造是否存在不能施工或不便施工以及影响工程质量、安全、工期及导致工程费用增加等问题；能否保证施工部门装备和技术能力适应设计要求等。

（16）结构构件的预埋件、预留孔洞等设置是否正确；钢筋明细表及钢筋的构造图是否表示清楚；混凝土柱、梁接头的钢筋布置是否清楚，是否有节点图；钢构件安装的连接节点图是否齐全。

（17）引用标准设计以及重复使用的图纸是否确切，有无错漏；施工中所列各种标准图册是否已经具备。

（18）各类管沟、支吊架（墩）等专业间是否协调统一；工艺、水、消防、采暖、强弱电、通风等综合管线及设备装置布设是否相碰。

（19）设计是否满足生产要求和检修需要等。

5.2.2　设计例会制度

设计例会制度是施工阶段设计管理最重要的会议制度，旨在解决施工过程中遇到的各类技术问题，为施工工序的正常开展提供保障。设计例会应定期组织召开，一般一周一次，根据现场遇到的技术问题数量和难易程度而定。总承包商设计管理部门在每周会议开始 2 ~ 3 天前，梳理总包单位施工阶段遇到的技术问题，以邮件形式发送给设计单位熟悉（如业主委托了项目管理单位，邮件一并抄送给相关人员）。针对可以明确回复的技术问题，要求尽快回复邮件以保证现场施工不受影响；较为复杂的问题，带入会上讨论，由监理单位、总包单位、设计单位、项目管理单位（如有）讨论确定。相关处理意见应形成会议纪要或者设计业务联系单等正式文件。

需要注意的是设计例会专为施工活动开展而服务，故任何技术问题解决的时限要求均以不影响工程现场施工进度为前提。每次会议结束，由总承包商设计管理部门整理会议纪要，抄送各参与方。根据项目实际情况，设计例会也可以与工程例会、监理例会等合并召开。

5.2.3　设计变更管理

1. 施工阶段的设计变更概念

施工阶段设计变更是指在项目施工阶段由于某种原因致使项目工作范围发生变化，需要重新设计、编制补充设计文件或修改原设计的活动。设计变更可能导致项目目标和其他方面发生系统性变化，对项目施工实施影响很大。在设计与施工的接口关系中，设计变更是质量控制的重点内容。因此，必须对设计变更进行严格的管理。

2. 设计变更的原因

施工阶段的设计变更一般有下列原因：

（1）业主方对项目规模、工程内容、质量要求、工程量的改动，或投资规模的增减等，对已交付的设计文件提出新的设计要求。

（2）设计与施工的接口关系中发生施工的可行性矛盾。

（3）施工承包方提出修改设计的合理化建议。

签发设计变更通知书，并负责修改设计文件等。

（4）参与建设工程质量事故分析，提出处理的技术措施以及技术鉴定；主持处理因设计造成的质量事故，并提出相应的技术处理方案。

（5）配合材料设备采购，完成设计在材料设备采购过程中的工作，承担规定的质量责任和义务。

（6）参加工程施工安装、材料设备采购例会和重大技术方案研讨等。

5.2.5　设计与施工接口关系中的质量控制

建筑施工是形成建筑实体的过程，也是决定最终产品质量的关键阶段，要提高建筑工程项目的质量，就必须狠抓施工阶段的质量管理。工程项目施工涉及面广，是一个极其复杂的过程，影响质量的因素很多，使用材料的微小差异、操作的微小变化、环境的微小波动，机械设备的正常磨损，都会产生质量变异，并造成质量事故。工程项目建成后，如发现质量问题不可能像一些工业产品那样拆卸，更不可能实行"包换"或"退款"，因此在施工过程中对工程质量的控制就显得极其重要。

建筑工程施工质量控制应对施工材料的质量进行严格控制。施工材料是形成建筑物的基础。如果材料不合格，那么用这些材料建成的建筑物一定不合格，甚至会影响整个结构安全。对形成建筑物的各个产品严格把关，避免不合格品混到建筑物中去，这就需要总承包商牵头，设计、施工、监理、各材料供应部门一起来抓。施工部门是建筑材料的直接使用者，从材料员、质检员、工人到施工经理都要重视材料的质量控制工作。

在项目工程施工期间，设计管理应包括配合质量控制部门，参与有关施工过程中的质量控制工作。

在设计与施工的接口关系中，应对下列接口的质量实施重点控制：

（1）施工部门向设计单位提出的要求与可施工性分析的协调一致性。设计应满足施工提出的要求，以确保工程质量和施工的顺利进行。施工经理在对现场进行调查的基础上，向设计经理提出重大施工方案设想，保证设计与施工的协调一致。

（2）设计交底或图纸会审的组织与成效。设计人员负责设计交底，必要时由施工经理组织图纸会审。交底或会审的组织与成效，对工程的质量和施工的顺利进行有很大影响。

（3）现场提出的有关设计问题的处理和对施工质量的影响。无论是否在现场派驻设计代表，设计人员均应负责及时处理现场提出的有关设计问题并参加施工过程中的质量事故处理工作。

（4）设计变更对施工质量的影响。所有设计变更，均应按变更控制程序办理，设计和施工应分别归档。

5.2.6　设计与施工接口关系中的造价控制

《建筑工程施工发包与承包计价管理办法》对工程款结算的规定：建筑工程的发承包双方应当根据建设行政主管部门的规定，结合工程款、建设工期和包工包料情况在合同中约定预付工程款的具体事宜。建筑工程发承包双方应当按照合同约定定期或者按照工程进度分段进行工程款结算。

工程总承包项目很多采用了"限额设计"。总承包商在设计与施工的接口关系中应对工程款结算进行严格控制。在项目工程施工期间，设计管理应包括配合投资控制部门，参与有关施工过程中的工程款结算控制工作。

在设计与施工的接口关系中，应对下列接口的投资实施重点控制：

（1）在施工承包合同实施阶段，严格控制工程变更，设计变更。

（2）根据实际发生的设备和材料价差，以及设计变更，工程量的增减，按照合同规定的调整范围和调价方法，协助合同管理、投资控制部门对合同价格进行必要的修正。

（3）以合同价格作为投资控制目标，协助控制工程进度款的支付。

（4）协助合理确定工程结算价款以及索赔等。

5.3　优化设计

早在 2005 年，面对市场竞争日益激烈的形势，中国建筑第八工程局有限公司（以下简称中建八局）就提出了对施工方案进行优化的要求，将此提升为经营质量战略举措，并出台了《工程项目施工组织设计优化实施办法》等文件。2008 年下半年又扩大了项目优化范围，提出"双优化"的要求，即不仅对施工组织设计进行优化，同时还要对施工图纸进行优化。2010 年中建八局对"双优化"工作进行调研，收集资料开始制定相关管理办法，后正式出台了中建八局《"双优化"工作实施细则（试行）》。通过"双优化"工作，我们不仅取得了显著的经济效益，也与设计单位、材料或设备供应商建立了良好的互动关系，在优化产业链、推进企业管理进步、提高社会效益方面取得了一定成效。

在工程总承包模式下，加强设计管理，不仅可以保障设计施工"双优化"的推进和落实，同时还可以提升"双优化"的深度和质量。一方面，设计优化将不再局限于施工图纸完成后才开始，而是伴随设计全过程、分阶段进行；另一方面，设计施工的紧密配合，也有利于一些施工优化措施的执行。

本节将梳理笔者单位近年来在"双优化"工作中积累的经验，总结形成系统性的"双优化"技术措施，作为工程总承包模式下设计管理工作的技术储备。

5.3.1　设计施工"双优化"的意义

设计阶段是影响工程投资程度的重要阶段，统计资料表明，设计阶段节约投资的可能性约为 88%。随着建筑市场的发展，建筑结构设计行业近年来取得了巨大的成绩，但同时当前的建筑结构设计中也存在着一些问题：一些工程设计单位和设计人员存在着"重技术、轻经济"的观念，设计思想保守，只求安全保险，随意增大结构用材量或者随意提高结构或部分结构构件的安全系数，不问造价高低。在工程设计中，只重视设计的技术质量，忽视设计的经济质量。由于从经济的角度考虑不足，施工图设计深度不够，"错、漏、碰、缺""肥梁、肥柱、深基础"等多有发生，不仅会造成建设单位资金的不必要浪费，更重要的是会使工程存在安全隐患。

除经济性外，因设计匆忙或设计水平受限，设计方提供的施工图纸还可能存在以下问题，直接影响工程建设的进度和质量：

（1）设计、计算、标示错误。

（2）设计深度不够。

（3）设计时采用过时、陈旧的技术、材料、工艺。

（4）设计缺乏可操作性。

施工组织设计是指导施工的纲领性文件，也是对施工活动实行科学管理的重要依据，施工组织设计编制方面可能存在的问题包括：

（1）组织不力。仅由个别人"闭门造车"，导致施工组织设计沦为形式。

（2）缺乏针对性。编制中只是对技术规范照搬照抄，而未对具体工程的特点进行针对性设计。

（3）编制中没有进行不同方案的进度、质量、成本对比分析。

（4）先进的经验和技术成果没有得到充分借鉴。

对施工组织设计进行优化，使其符合科学合理、技术先进、经济节约、操作方便的要求，才能更好地为项目和企业创造利润。

5.3.2　设计施工"双优化"的概念

"双优化"的概念最初源于《建设工程项目经理执业导则》，即项目经理应组织进行设计优化和方案优化工作。

设计优化是指在原有设计基础上，对局部施工图进行优化设计的工作，目的是使原有设计更合理、更经济、更安全、更便于施工。

方案优化是指对投标施工组织设计（专项施工方案）进行的优化。在对项目实施条件及设计文件充分了解的基础上，在保证质量、工期、安全的前提下，通过采用"四新技术"，形成新的更完善、更先进、更合理的方案。

工程总承包模式下的双优化应包含更丰富的含义。

1. 设计优化

建筑结构优化设计是指在满足各种规范或某些特定要求的条件下，使建筑结构的某种指标（如重量、造价、刚度等）为最佳的设计方法。也就是要在所有可用方案和做法中，按某一目标选出最优的方法，即材料最省、造价最低或某些指标最佳的方案或方法。

传统的建筑结构设计方法，是先根据经验通过判断给出或假定一个设计方案和做法，用工程力学方法进行结构分析，以检验是否满足规范规定的承载力、刚度、稳定、尺寸等方面的要求，如符合要求的即为可用方案，或者经过对少数几个方案和方法进行比较而得出可用方案。而结构优化设计是在很多个，甚至无限多个可用方案和做法中找出最优的方案，即材料最省、造价最低或某些指标最佳的方案和做法。这样的工程结构设计便由"分析与校核"发展为"综合与优选"。这对提高工程结构的经济效益和功能方面具有重大的实际意义。"综合与优选"实质上也就是建筑结构的优化设计。

设计阶段对项目投资起到决定性的作用，结构设计的经济与否直接关系项目投资量的大小，而影响结构设计经济性的关键因素在于结构方案的选型、结构设计的参数确定、结构构件的设计和设计制图的精确度等。

在设计的四个阶段中，设计优化介入的最优时机为方案设计的任务书阶段。设计阶段的工作往往会直接影响着整个工程的进度，设计的做法在很大程度上决定了施工的可操作性，决定了施工周期的长短。在编制任务书时，应根据项目的特点与现场实际情况，确定合理的结构体系、基础形式、设备选型等，采取相应的措施保障各专业之间可进行有效沟通、协调。如果业主没有足够的工程管理经验，在设计初期不能提出高质量的设计任务书，必然会影响设计质量，导致在施工过程中需经常进行设计更改，给工程项目的进度控制带来困难。

由于设计工作的重要性，设计院应充分发挥自身专业能力的优势，从项目前期入手，配合业主为 EPC 总承包项目提供全过程服务。

（1）在项目的前期策划阶段，作为专业设计院，在选址、商务谈判、办理建设手续、资源调查（包括原材料、水质、水处理、排放标准等影响工程造价的自然资源以及交通运输条件、当地人力技术等社会资源）等方面，为业主提供咨询建议。

（2）在设计阶段，确保设计过程连续进行，各专业之间有效沟通，利用自身的专业优势，研究、讨论新的结构体系的可行性，新工艺、新方法、新材料的使用等，充分利用项目所在地的资源优势。

（3）在采购阶段，设计院可结合国内相关施工、验收规范，编制符合项目特点和我国国情的技术规格书，按工程、设备等对各分部分项工程进行详细的技术规格及施工安装要求进行说明。

（4）在施工阶段，在项目开始时充分考虑各单位的施工经验、人员组成、机械装配以及建材市场信息的掌握程度，通过在方案设计和初步设计阶段及时请施工单位参与，可以更加合理地考虑结构形式和施工方案，有利于优化设计，提高项目的可施工性，尽可能减少甚至避免施工过程中的设计变更；同时也有利于新工艺、新技术和新产品的使用，从而降低工程造价，提高自身的市场竞争力。

传统 DBB 建设模式下，设计优化工作通常在施工图送审完成后才开始。此时优化带来的复核工作量大、变更工作量大，往往因修改烦琐而较难获得原设计单位认可。

工程总承包模式下的设计优化，应从设计初期开始，根据设计阶段分批次进行，即对方案设计、初步设计和施工图设计依次进行优化。这样不仅有利于控制投资，也可以避免在设计后期提出颠覆性修改造成设计大批量返工。设计分包完成的各阶段设计图纸，由设计管理部组织内审、提出优化意见并及时反馈给设计人员。修改后的设计图纸经设计管理人员确认后正式报送外审。具体流程参见图 3.3-1、图 3.4-1、图 3.5-1。

施工总承包项目多属于被动式管理的范畴。这个阶段对设计的管理，相对比较局限，产生的效益和效果也不明显。根据我们目前签署的大部分施工总承包合同，被动式设计管理有两个黄金节点。

（1）设计院已出图，但未通过施工图审查。此时的施工图纸不能称其为正式版本的施工图纸。在此阶段，我们应该根据商务条件，制定明确的设计管理优化目标，对设计成果进行优化管理。此阶段的工作不会给甲方带来任何困扰，在出具正式施工图之后不会有任何的变更痕迹，只需要做好设计单位的工作即可。

（2）已出具图审后的施工图纸，还没有进行现场图纸会审。笔者单位签订的很多施工总承包合同，商务认定控制在图纸会审环节。在此阶段，设计管理人员与现场施工技术人员共同读图，从不同角度对项目图纸进行梳理，从技术可行性、施工难易性、经济性等多方面提出会审意见，共同与业主、设计单位进行磋商。

2. 施工优化

施工优化是指对施工组织设计（专项施工方案）进行的优化，是在对项目实施条件及设计文件充分了解的基础上，在保证质量、工期、安全的前提下，积极采用"四新技术"，形成新的更完善、更先进、更合理的方案。

施工组织设计是对施工活动实行科学管理的重要手段，作为指导施工的纲领性文件，施工组织设计必须优化，科学合理、技术先进、经济节约、操作方便的施工组织设计，才能更好地为项目和企业创造利润。

5.3.3 结构设计优化措施

1.基础部分优化

（1）基础优化思路

场地和地质条件是进行地基基础设计的前提，地质勘查资料是基础设计的依据，对基础进行优化应先了解场地条件和地勘资料。不同的结构形式、结构高度，对基础的要求是不同的。一般基础的优化思路为：天然地基、复合地基、桩基。

基础优化中设计到的主要规范有：

《高层建筑混凝土结构技术规程》JGJ 3—2010

《建筑结构荷载规范》GB 50009—2012

《混凝土结构设计规范》（2015 年版）GB 50010—2010

《复合地基技术规范》GB/T 50783—2012

《建筑抗震设计规范》（附条文说明）（2016 年版）GB 50011—2010

《建筑地基基础设计规范》GB 50007—2011

《建筑桩基技术规范》JGJ 94—2008

《建筑地基处理技术规范》JGJ 79—2012

《高层建筑筏形与箱形基础技术规范》JGJ 6—2011

（2）基础形式的选择

多、高层建筑的地基基础选用不同的方案，与工程的造价关系极大。多、高层建筑宜优先选用天然地基，有利于方便施工、缩短工期、节省造价；天然地基的变形和承载力不满足要求时，可结合工程情况和当地的地基处理经验及施工条件，采用复合地基；当复合地基不满足变形及承载力要求时，应采用桩基；桩基采用预制桩还是现浇灌注桩，预制桩采用锤击还是静压成桩工艺，灌注桩是否采用后注浆，均应根据工程和当地具体情况采用不同方案。基础的不同选型，直接关系到工期和造价，在考虑方案时应注意护坡、土方、结构专业以外的附加材料费用、工期等综合造价，不应只考虑结构专业的混凝土和钢筋费用。

（3）基础类型的分类

1）独立式基础

独立式基础包括独基、桩承台。

2）整体式基础

整体式基础有地基梁、筏板、箱基、桩梁、桩筏、桩箱等。

2.地下室（地下车库）结构优化

地下室（地下车库）结构设计是建筑物结构设计的重要组成部分。地下室（地下车库）设计包括地下室基础形式的选择、柱网的确定、地下室外墙、底板和顶板的结构形式等内容。这些方面的设计既要满足建筑物整体性的要求，同时又要做到便于施工、降低造价。

在地下室（地下车库）的优化中，影响地下室（地下车库）造价的主要因素有：层高、覆土厚度、建筑垫层及荷载等。根据统计结果，层高每增加 100mm，综合成本增加 18 ~ 30 元 /m²；覆土厚度每增加 300mm，综合成本增加 30 ~ 60 元 /m²；建筑垫层每增加 100mm，综合成本增加 28 ~ 50 元 /m²；荷载如人防荷载或消防车荷载也会严重影响地下车库造价。地下室层高应结合停车、消防、人防等要求确定，在满足功能要求的情况下尽量减小层高，减少土方开挖和降水。

目前常用的地下室顶板结构形式及特点如表 5.3-1 所示。

地下室顶板结构形式及特点　　　　　　　　　　　表 5.3-1

结构形式	特点
梁板式结构	影响净高、模板量大
平板式结构	净高优势大、模板量小
密肋梁结构	居中
空心楼板结构	居中
双 T 板结构	预制、大空间结构
梁板 + 柱帽结构	居中、含钢量小

地下室（地下车库）顶板优化的影响因素主要有：

（1）柱网布置。

（2）荷载情况：车库顶板的覆土厚度，是否有堆坡处理，消防车道的荷载折减情况等。

（3）顶板结构形式的选择。

（4）计算参数的设定。

（5）梁配筋率的控制；调整梁截面使顶板梁的配筋率控制在 1.5% ~ 2.0% 范围内时经济性较好。

（6）梁的布置方式

1）在地下车库和商业建筑大跨度空间楼（屋）盖梁布置时，比如柱网在 8.5m×8.5m 时，选择井字梁和十字梁做方案比较，大多数情况下，标准层采用十字梁比井字梁经济，大概综合成本（钢筋、混凝土及模板的数量）要低 10% 左右，对于覆土厚度超过 700mm 的屋顶花园及地下室顶板或荷载较大时则采用井字梁比较经济，荷载越大，井字梁越便宜。

2）小墙下不再布设梁。

3）传力途径短，梁的造价低；结构布置在一定范围内决定了力的传递路径，应该使力的传递路径尽可能短，尽可能直接（避免次梁传递的次数），尽可能均匀（使荷载尽可能落在小跨度的构件上）。

（7）梁配筋结果的调整。

（8）板配筋结果的调整。关于防水板厚度问题，有些地区（如杭州、济南、成都等地）允许将板面垫层厚度计入防水板厚度，则结构板厚度可取 200mm；地下室顶板上部处于受压区，计算配筋为 0，除非作为嵌固端或转换层，规范对于其配筋率没有特别要求，可参考现行国家标准《混凝土结构设计规范》（2015 年版）GB 50010 第 9.1.8 条要求设置 0.1% 的防裂构造钢筋。

3. 上部结构优化

在目前的住宅建筑中，应用最多的结构体系为剪力墙结构，现浇钢筋混凝土剪力墙结构的抗侧、抗扭刚度大，小震作用下的变形小，承载能力大；合理设计的剪力墙具有良好的延性和耗能能力，大震作用下的破坏程度很轻，国内外的多次大震害表明，只有极少数剪力墙结构房屋造成倒塌。

（1）剪力墙结构的优点

剪力墙承受竖向荷载和水平荷载的能力都较大。其特点是整体性好，侧向刚度大，水平力作用下侧移小，并且由于没有梁、柱等外露与突出，便于房间内部布置，尤其适合用于住宅等建筑。

（2）剪力墙结构的优化思路

剪力墙的布置方式很大程度上决定了剪力墙的刚度及刚度分布，因此确定剪力墙的布置原则是剪力墙结构设计和结构优化的重要因素。具体措施：强周边、弱中部；多均匀长墙、少短墙；多 L 形、T 形、十字形墙肢、少复杂形状；沿高度均匀变化；各墙肢轴压比接近。

1）剪力墙布置的一般位置。平面形状凹凸较大处，是结构的薄弱部位，宜在突出部分的端部附近布置剪力墙。剪力墙不应设置在墙面开大洞的部位。

2）强周边、弱中部。剪力墙宜布置在建筑物的周边附近，以使其充分发挥抗扭作用，必要时可利用窗台位置设置高连梁以加强刚度。

3）宜多布置均匀长墙（墙长 ≤ 8m），少短墙。

4）剪力墙尽可能设计成 L 形、T 形，有利于剪力墙结构的稳定性，同时能够形成较好的侧向刚度，并且能够减轻结构自重，减小结构构件，有利于降低工程投资。

5）剪力墙厚度应沿结构高度均匀变化，不宜采取在上部为控制成本而减少剪力墙设置数量的设计方法，此做法会加大层刚度变化，不利于抗震，同时也不一定经济。

6）各墙肢轴压比宜接近。控制剪力墙在竖向重力荷载作用下的平均轴压比水平为 0.5 左右或适当从严，同时各片墙体的轴压比宜尽量均匀。

（3）剪力墙优化的其他内容

1）剪力墙的混凝土强度等级。

2）普通剪力墙和短肢剪力墙。

3）剪力墙墙身配筋。

4）剪力墙是否设置暗梁（针对框架 - 剪力墙结构）。

5）剪力墙开洞砌填充墙；剪力墙开洞砌填充墙，使剪力墙成为联肢墙，可增加剪力墙的延性，但减小了剪力墙的刚度，当洞口不大时，由于增加了洞口边的边缘构件和连梁，还会增加结构造价。设计时应分析比较，更多的时候墙上不设洞口，刚度增加，没有边缘构件，反而造价更低。

6）梁板布置：较小跨度板上有隔墙或开有洞口时一般不设梁，在板内设置加强钢筋。

5.3.4　机电设计优化措施

1. 给水排水专业优化设计内容和方法

（1）给水管的选择实施原理：压力等级越高的管材造价越高，结合现场实际情况，不同区间管道适当选择不同的压力等级。

优化原则：着重考虑管材优选：综合施工、使用等因素，给水管经济合理性排序为；PE 管→焊接钢管→无缝钢管→镀锌钢管→UPVC 塑料管→球墨铸铁管→钢塑管。

（2）排水管的选择实施原理：合理进行施工组织设计，减少人工土方开挖量，减少土方倒运量。

优化原则：排水管排序为；规格 500mm 以内；UPVC 波纹管→钢筋混凝土管→PE 波纹管，规格 500mm 以上；钢筋混凝土管→UPVC 波纹管→PE 波纹管。一般情况下，机动车道下选用重型（Ⅱ级管或 S2 管材），非机动车道下选用重型要严控。

（3）检查井设计实施原理：室外排水是由管道系统和检查井系统组成的，检查井系统的成本优化应从井的数量、井的规格、井的深度以及井盖等方面入手。井太多也会影响美观和行车方便。

优化原则：避免设计盲目统一选用大规格井；控制重型井盖使用部位；除机动车道外的非机动车道或绿化带等部位严控采用重型，并尽量减少检查井数量。

（4）管网埋深与井深实施原理：一般来说排水系统中管网与井的深度越深，相应的土方工程量和建造造价越高。

优化原则：减少管网埋深与井深。

（5）优化管网走向、长度实施原理：管网的长度直接关系其造价，管道走向设计的系统性则决定了管道的长度。

优化原则：优化管网走向、长度。

（6）泳池设备选型实施原理：泳池设计成本控制要点为：严格按照流量、过滤周期等参数合理选择泳池设备中的加压泵、沙缸、给水管径等主要设备。

优化原则：兼顾后期的运营成本。

（7）水泵房建设实施原理：小区的供水往往有以下几种方式：从市政供水管网直接供水；当市政供水管网压力不够时，对部分高层住宅通过水泵方式加压供水；为整个小区建设水泵房，统一加压供水。

优化原则：

1）重点考虑建造水泵房的必要性；

2）必须建造水泵房时应考虑建造位置及占用空间，应以距市政接入点最近为原则；

3）根据项目产品组合（高层、小高层、多层）进行供水方案技术经济比选（带水箱变频加压控制系统；无负压管网直联式供水系统、市政压力直供或多方案组合等）。

（8）水箱选用实施原理：小区的供水水箱往往有以下几种：生活用水箱、消防用水箱、杂用水水箱。

优化原则：

1）生活用水箱优先选用不锈钢水箱；

2）屋顶消防用水箱优先选用SMC模压水箱；

3）杂用水水箱优先选用SMC模压水箱。

2.暖通专业优化设计内容和方法

（1）暖通设计系统优化

暖通方案评价指标主要包括可行性、经济性（一次投资和运行费用）、能耗（运行能耗和生产能耗）、调节性、可操作性、可靠性、环保性（制冷剂、温室效应、污染排放）、资源消耗、美观性、安全性、舒适性等。任何方案都不可能是最佳的，都有一定的适用条件，应该具体问题具体分析；通过综合比较，多参数和生命周期评价进行方案评估，应在方案设计阶段比选出最合适的设计方案。

空调系统的选择应根据建筑物的用途、规模、使用特点、室外气象条件、负荷变化情况和参数、要求等因素，同时兼顾具体项目的能源配套费、水电气入网费、职业卫生与卫生设施费、环境保护设施、能源地区价格等国家相关政策，在满足使用功能的前提下，尽量做到一次投资少、系统运行经济和减少能耗。

（2）空调冷热源选型优化

1）对以燃气为一次能源的项目，在兼顾经济性的条件下，宜优先考虑采用燃气热、电、冷联供和回收燃气余热的燃气热泵形式。

2）对以电为一次能源的项目，尽可能选取各种现实的电动热泵机组。

3）对有合适热源，特别是有余热或废热或电力缺乏的地方，宜采用吸收式冷水机组。

4）蓄冷系统的利用：项目地区电价优惠政策，峰谷差价大。

5）尽可能减少系统中的能量损失，采用能量回收系统。

优化原则：合理利用能源资源、减少对环境影响、技术经济合理可行，注意机组的适用范围，不轻易放大型号。目前冷热源设备种类繁多，工作原理和能效特性各不相同，为了衡量各种设备的节能性，通常采用一次能源效率（OEER）来进行比较。冷热源系统的设计是一个多目标决策的过程，应在方案设计阶段就进行优化设计。

（3）空调箱优化

空调箱选型时设计院一般仅根据空调系统负荷计算结果确定该空调箱所需风量、风压、冷热量、功能段、过滤要求等，但在实际使用中常常发现有冷热量不足、箱体结露、凝水盘溢水、表冷器段后带水等问题。

优化原则：

1）冷热量不足：国内部分厂家的表冷器选型有误差，需对其产品测试手段进行监督检查。

2）箱体保温：为防止箱体外壳结露，箱体保温层热阻和厚度必须满足国家标准规定的要求，同时还要防止箱体各段连接处产生的冷桥。

3）凝水盘溢水：凝水盘溢水现象在空调箱使用过程中经常发生，用户反应也最为强烈。造成凝水盘溢水的原因有：①迎风面风速过大；②表冷器处于负压段，机组出厂时没有设水封；③凝结水盘的长度和深度不够。

4）迎风面风速：空调箱迎风面风速较大会造成表冷器段后带水，所有在选型时应将表冷器迎风面风速控制在 2～2.5m/s。

（4）风机盘管的优化

风机盘管虽然技术早已成熟，其规格型号不同厂家会略有不同，但风机盘管在使用中存在以下几个方面的问题需要进行优化。

优化原则：

1）盘管冷量：监督考察设备厂家的测试设施与手段。

2）盘管机外余压：应根据风机盘管的接管情况核算机外余压，不应简单地加大风机盘管型号来解决问题，由此会增大工程的投资额。

3）噪声问题：检查盘管中电机与风机的配置是否合理。

（5）变频设备的优化

合理采用变频节能技术，变频器是通过轻负载降压实现节能的，当需要风机较小的风量时，电机会降低速度，风机的能耗跟转速的 1.7 次方成正比，所以电机的转矩会急剧下降，节能效果明显。但在不需要调速的场合，变频器不仅没有节能作用，还会增加大量工程投资成本。

优化原则：

1）对于使用频率不高的设备，如仅用于防排烟的风机，采用变频风机没有明显节电效果，造价又高，属于对提升产品价值无意义的无效成本投入，从节约成本角度考虑，采用定速风机，节约成本。

2）对于空调负荷及送风量稳定的系统，如购物中心、超市、宴会厅的空调机组，系统开启后负荷变化不大，无需采用变频调节，空调末端机组采用定速风机，节约成本。

（6）风机及风机箱的选用

风机箱噪声低造价高，而风机噪声高造价低。

优化原则：

通风排烟可采用风机或者风机箱，对于平时不使用的纯消防类风机建议采用风机，而不用风机箱以降低造价。

（7）风管材料优化

地下室排烟排风风管可采用无机不燃玻璃钢风管或镀锌铁皮风管，由于近年来钢材价格不断升高，使得无机不燃玻璃钢风管成本远低于镀锌铁皮风管；而且由于地下室环境较为潮湿，使用镀锌铁皮风管需刷漆做防腐蚀处理，而无机不燃玻璃钢风管由于其本身特性可无需另作处理。

优化原则：

根据市场行情，通过比价选择单价低的管材，降低成本投入。

（8）暖通管道材料附件优化

暖通管道压力等级越高的管材造价越高，结合现场实际情况，根据压力、温度和管径大小适当选择管道材料。

优化原则：

在满足压力、温度等技术条件下，优先选用综合单价较低的管材，经济合理性顺序为焊接钢管、无缝钢管、热镀锌钢管。

（9）保温材料及保温厚度优化

设计图纸中关于空调风管水管的保温层厚度的选择，常常会简单给出一个估算的保温厚度。

优化原则：

在满足环保、安全、规范和功能使用要求的前提下，核算保温层厚度，选择导热系数更低、湿阻因子更高、防火性能更好的保温材料，达到节约成本的目的。

（10）施工过程优化

在现代建筑的暖通设备安装工程中，不仅应依据规范按图施工，还要根据现场实际情况，在确保安全和质量的前提下，采取合理的施工方案，以更低的成本、更先进的工艺进行施工，获得更好的经济效益和社会效益。

优化原则：

1）风管安装：一是尽可能保持平顺，减少弯折，避免过大的阻力出现，保证管道的畅通。弯头选购时尽量选购圆角弯头，不要选用直角弯头；二是对风管的接口以及连接处做好对接和密封，尽可能减少漏风量。

2）风管水管防结露保温：严格按照施工规范进行施工，保温层接口要求严密，保温层与管道贴紧，管道支架上设置木块，防止冷桥产生。

3）过滤器：保持过滤器清洁，避免堵塞。

3. 电气专业优化设计内容和方法

（1）供配电系统优化内容

供配电系统根据负荷性质、用电容量、地区供电条件合理确定供配电方案。

1）电压等级的选择

常用电压等级：10kV、20kV、35kV。

根据用电容量、供电距离、供电线路的回路数、当地公共电网条件等因素选择电压等级。

每回线路最大容量：10kV 线路 8000kVA、20kV 线路 30000kVA、35kV 线路 40000kVA。10kV 短路电流一般可以按 25kA 考虑。

2）变压器选择

变压器的分配选择：合理选择变压器台数和容量，合理调配负荷，使变压器在能耗较低的状态线下运行；变压器台数应根据负荷特点和经济运行进行选择，季节性负荷容量较大（如空调冷冻机等负荷），可设专用变压器。应积极推广采用节能型、环保型变压器，配电变压器应选用 S11 及以上的节能型设备。

3）配电方式

通常项目的负荷等级决定了两路电源进线，接线方式分为两种：①两路电源同时通电，互为备用；②两路电源通电，一用一备：正常工作时，一路电源供电，另一路备用。方式①设备利用率高，经济较合理。

4）配变电所

配变电所位置应接近负荷中心。合理排布电气柜位置，减少母线、电缆长度。

（2）电气元器件选型优化内容

在满足设计参数、当地电力及消防部门要求的前提下，优先选择国产品牌或合资品牌的中端产品。

影响断路器价格的主要因素有：额定电流、分断能力、附件功能，根据实现的功能需要进行合理选择，避免高配。

较大功率的水泵组、风机组（一用一备、二用一备），如采用变频器，可考虑采用一拖二、二拖三形式。

（3）电缆选择及敷设优化内容

电缆、母线按整定电流、电压降、动 / 热稳定等参数来选型，余量不宜过大。

低压电缆根据负荷性质，如电梯等负荷，可将电缆由 4+1 改为 3+2 类型。

现有规范并没有要求采用 10kV 电缆采用矿物绝缘或耐火电缆，10kV 电缆可采用 YJV22。

矿物绝缘电缆可以明敷，在强电井等场合可取消电缆桥架采用支架敷设。BTLY 电缆的铜护套可用作 PE 线。

电缆采用桥架敷设时，动力电缆桥架填充率不大于 40%，余量不宜过多。在高层建筑中，可根据电缆数量的变化划分高区和低区，采用变截面规格的桥架或线槽。

电缆采用 SC 管时，可将标高 ±0.00 以上的室内非消防线路，且管径小于 50mm 的管材更换为 JDG 管。

5.3.5　施工组织设计优化措施

施工组织设计因项目类型、项目规模、项目地域不同，会产生非常大的差异。目前尚无法形成一套具有普适性的优化操作细则。本书以设计管理工作为研究对象，为此仅对施工组织设计的优化思路进行简要介绍，重点关注施工组织设计优化过程中需要设计管理如何配合。

施工组织设计优化的基本步骤如下：

（1）选择对比方案。同一施工过程必须有两个及以上的施工方案，才能进行比较，所有方案都必须保证安全和工程质量。

（2）确定对比指标。①消耗指标：包括劳动力、时间、资金以及材料设备等方面的消耗；②效益指标：反映提高生产率、降低成本、缩短工期、节约重要物资等情况。

（3）定性定量分析。根据可靠的数据和统一的计算方法，计算不同方案的定量结果，对于不可定量的指标则做出定性判断。

（4）综合评价选择。结合本项目在场地条件、物资供应、资金条件、机械设备、劳动力等方面的具体情况，对不同方案的定性定量结果进行权衡、比较和分析，做出综合评价并确定最佳方案。

施工组织设计优化的思路主要有：

（1）合理变更设计方案节约造价

以笔者单位承建的济南吴家堡住宅小区地下车库为例，车库基础突破传统独基加防水板形式，采用防水板与独基上平，减少后期车库回填土方量（按 80cm 考虑）60000m³，如图 5.3-1、图 5.3-2 所示。基底标高整体抬高，变深基坑 9m 为浅基坑 5m，有效减少土方开挖量 480000m³，同时减少墙柱钢筋用量。柱下独立基础采取放坡处理，有利于防水处理以及避免设置砖胎模，节约工期、材料及人工 10000m³，方便施工。顶板采用无梁楼盖体系，可降低施工难度，有效节省净高，使得车库层高控制在 3.5m（一般设计高度 3.9m），有效地节约了工程造价。

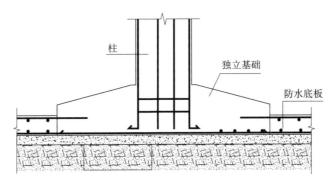

图 5.3-1　优化前基础做法

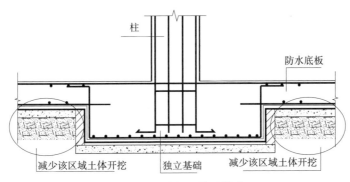

图 5.3-2　优化后基础做法

（2）优化施工的可操作性

本章参考文献 [1] 提到的工程案例中，设计文件中要求直径 ≥ 25mm 的钢筋建议采用直螺纹连接，其余规格要求焊接。经过综合考虑，对钢筋连接方式进行了优化：直径 ≥ 18mm 的钢筋采用剥肋滚压直螺纹连接，直径 ≤ 16mm 的钢筋采用绑扎搭接。与焊接相比，剥肋滚压直螺纹连接具有明显优势：①等强连接，A 级接头能保证梁类构件主筋在中间支座能通则通，在梁柱节点节省了大量锚固钢筋和由钢筋定尺长度造成的钢筋废料；②钢筋损耗极低，不存在上下轴线偏移的问题，接头合格率高，节省了相应的接头检测和返工费用。

笔者单位承建的黄石奥林匹克体育中心项目，施工前对设计图纸进行了认真梳理，结合施工可行性提出了若干条有针对性的优化意见。

1）基础梁板分开施工

商业平台基础层原设计为普通混凝土楼板结构，承台、基础梁和板相互交织，如

图 5.3-3 所示，只能采用砖胎模施工，施工不便，经与设计沟通将基础梁标高降至板底，如图 5.3-4 所示，梁板分开施工，可采用周转的木模板施工，不仅方便了施工，而且有效地保证了施工质量。

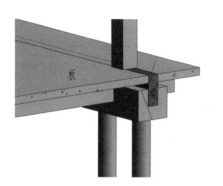
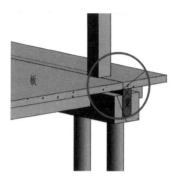

图 5.3-3　优化前节点做法　　　　图 5.3-4　优化后节点做法

2）体育场 Y 形柱及斜梁倒角优化

体育场的 1/E 轴处设有 Y 形柱及加腋斜梁，在原设计图纸中为柱的一侧有 100mm×100mm 倒角，加腋斜梁上下均有 100mm×100mm 倒角，并且内部钢筋也需弯折成倒角形状，如图 5.3-5 和图 5.3-6 所示。

通过设计优化，将柱的一侧倒角变成 20mm×20mm 倒角，加腋斜梁上部倒角取消，下部同样做成 20mm×20mm 倒角，如图 5.3-7 所示。优化后倒角只需采用木质 20mm×20mm 倒角条即可，钢筋无需倒角弯折，极大地方便了施工。

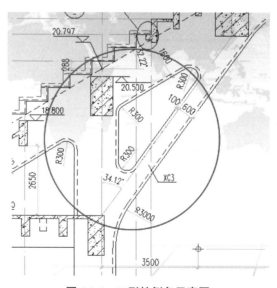

图 5.3-5　Y 形柱倒角示意图

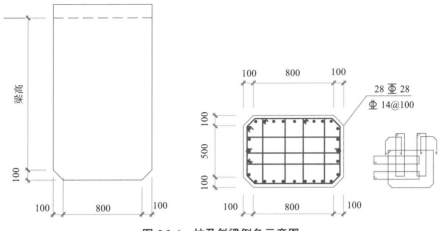

图 5.3-6　柱及斜梁倒角示意图

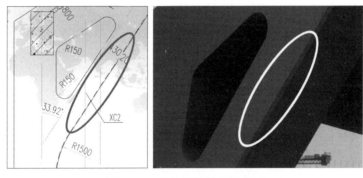

图 5.3-7　优化后柱倒角示意图

3）箱形空心楼盖调整为免拆壳模空心楼盖

在初步设计时，游泳馆及全民健身馆设计有 7000m²、1.4m 厚空心楼盖，施工难度大，楼盖下侧混凝土板质量不易控制，内部模板拆除困难（需留置施工洞），通过项目部讨论及与设计人员的积极沟通，在正式图纸出图前进行设计修改，采用预应力箱形空心楼盖，既能满足设计刚度要求，又增加了净空，减小边柱截面，满足球场布置要求。施工时采用大空间密肋梁板免拆壳模工艺，方便施工。

（3）优化工艺流程

按照现行混凝土设计规范，混凝土结构为避免超长引起的使用期与施工期的收缩裂缝，需要设置永久伸缩缝与施工后浇带，但是由于后浇带带来的一系列问题，例如，后浇带清理困难，施工质量难以保证，后浇带往往容易开裂和渗水；后浇带填充前地下室始终处于漏水状态，严重影响施工开展，且土体必须长时间降水，后浇带处底板存在抗浮稳定安全隐患；后浇带留置与预应力施工的矛盾，当预应力筋跨越后浇带时，预应力必须等后浇带封闭并达到强度后才能张拉，严重影响施工进展；后浇带与换撑时底板抗水平力不足等问题。

黄石奥林匹克体育中心项目的全民健身馆，原设计图纸在三层的密肋梁板区域后浇带及膨胀加强带数量多达 7 条，并且该区域为高支模，支模架施工难度高，梁内有缓粘结预应力，影响预应力张拉时间。后浇带布置如图 5.3-8 所示。

在优化过程中，将原设计后浇带取消，将健身馆密肋梁板分成 6 施工段，如图 5.3-9 所示，利用"跳仓法"施工，将后浇带优化为施工缝。

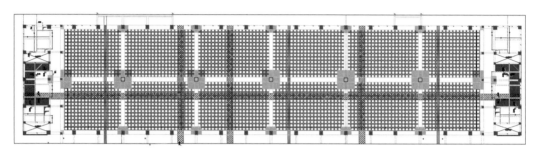

图 5.3-8　原设计图中密肋梁板区域后浇带布置图

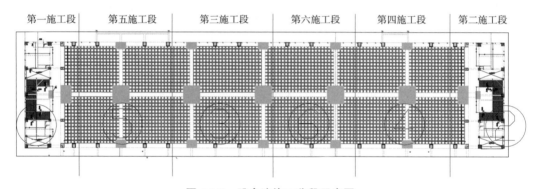

图 5.3-9　跳仓法施工分段示意图

通过该项优化，不仅可保证施工质量，还可节约工期 60 天，同时减少盘口架体的租赁费用 54 万元。

黄石奥林匹克体育中心项目设计优化经济效益证明如图 5.3-10 所示。

（4）新技术、新材料应用

在国家大力发展绿色建筑的号召下，为实现资源节约型、环境友好型社会，实现建筑产业的节能减排，大力推行 500MPa 及 600MPa 高强钢筋的应用。应用高强度钢筋可以节约钢筋用量，提高结构安全储备能力；可以减少工程建设过程中物流运输、加工、连接费用等；同时高强钢筋的推广应用节约了土地、煤炭、水、矿石等能源，减少环境污染，符合国家节能环保、可持续性发展政策。以北京丰台区丽泽路商业金融中心用地项目为例，分别进行了基础底板钢筋及核心筒外框架柱钢筋优化、填充墙材料优化及地下连续墙做法优化等，为项目提高效益近 20 万元。其经济效益证明如图 5.3-11 所示。

综上，施工组织设计优化不是哪个阶段的任务，无论是中标前还是中标后，无论是施工前还是施工中，施工组织设计的优化应该贯穿整个项目的始终。

以上的案例中，均为"事后优化"，即设计院递交正式施工图纸后才开始进行施工组织设计优化。由于设计管理介入较晚、部分优化意见因改动太大而没能得到设计方支持。在工程总承包模式下，施工组织设计优化可以在设计阶段提前介入，可以预见，这将把"双优化"工作提升至一个新的高度。

图 5.3-10　黄石奥林匹克体育中心项目
优化经济效益证明

图 5.3-11　北京丰台区丽泽路商业金融中心用地
项目优化经济效益证明

5.4　深化设计

我国目前的施工图纸提交方式都是由业主委托具有相应资质的设计院（公司）按照施工图纸的深度要求提供施工图纸。设计院根据委托设计文件在提供全部设计文件后，除了必要的现场设计交底、设计变更等服务，设计工作就结束了。常规项目中，设计院提交的施工图纸，通常都能符合国家法规要求的设计深度，一般也能够满足施工的要求。个别情形下，为了能够更直接地指导施工，需要进行一些深化设计的工作，例如钢筋翻样、钢构件放样、机电管线深化等。对于部分专业性较强的项目，如医院、药厂等，因为技术要求高、精密设备多等因素，往往还需要专业厂家（分包）或专业深化设计单位进行深化设计后才能用于指导施工。这种深化设计可称为狭义上的深化设计，即在施工图的基础上，结合施工现场实际情况，对图纸进行细化、补充和完善，以直接指导现场施工。

对图纸进行深化设计，可以对图纸的不足进行优化和弥补，以设计图纸为基础，使设计图纸更加完善、更加合理、更加具有可操作性。深化设计能够简化施工流程，是提高施工效率的一种手段，通过深化图纸设计，管理人员对工人的要求就更详细、更具体，工人操作起来更快捷，更具有目的性。深化设计更是强化施工管理，提高施工质量的一项重要措施。首先它可以使各专业的施工井然有序，其次，各专业施工人员有了深化设计的技术交底书，他们的施工就可以做到一气呵成，施工质量得到有效保障。

此外，还有一种广义上的深化设计。国内许多大型的标志性建设项目往往会向国际招标，由世界知名的设计公司承担设计任务，这些设计公司设计的图纸一般只能达到初步设计深度，无法满足国内法规约定的深度要求。因此，承包商必须对原图纸进行深入理解和消化，在不违背原设计意图的情况下，重新绘制出适应我国施工单位操作要求和政府质量管理部门验收要求的图纸。这个过程英文缩写为 DD（即 Detail Design），一般也翻译为"深化设计"。相比于狭义上的深化设计，这种广义上的深化设计需包含两个要求：第一，满足我国政府质量管理部门验收要求；第二，适应我国施工单位操作要求。国际工程项目一般也存在类似的深化过程。实际工程当中，为了保证工程进度，这两个要求可能会被拆分成两步来完成：首先，由国内设计院进行施工图阶段的设计，满足我国的图纸审查要求，拿到审图合格证；然后，与常规项目一样，以满足现场施工要求为目的进行狭义上的深化设计。综上，国际设计公司参与的大型项目或者国际工程项目中，"深化设计"一词的范围更广，实际上是包含了施工图设计和深化设计两个阶段。为了表述清晰，除特别说明外，下文中提到的"深化设计"一词均指狭义上的深化设计。

需要特别说明的是，大型项目中，深化设计工作量巨大、参与方众多。作为工程总承包商在投标时必须进行充分考量和评估，同时对深化设计的工作界面要有清晰的划分，否则可能带来巨大的损失。以上海环球金融中心项目为例，在设计阶段，设计单位 KPF 建筑师事务所（美）、入江三宅设计事务所（日）、构造计画研究所（日）、赖思里·罗伯逊联合股份公司（美）和建筑设备设计研究所（日）的工作是"准备施工图供招标投标用——招标图"；设计单位为国内某建筑设计研究院，工作是"准备施工文件供政府部门批准和施工"，而实际情况是业主付给国内建筑设计研究院的费用仅为正常设计取费标准的 18%，导致该设计院简化设计使其仅通过政府审批（审图公司盖章确认——即所谓审批图），没有达到能够作为施工依据的深度要求。进入施工阶段后，业主向总承包商提供了招标图和审批图，并要求总包商进行所谓"深化设计"。总承包商事实上被迫承担了"准备施工文件供施工用"工作（图 5.4-1）。在本项目中，总承包商为解决施工图深度不足及深化、优化设计付出了 3000 多万元的代价。做工程总承包项目一定要对设计工作对成本和工期的影响作出量化的评估。

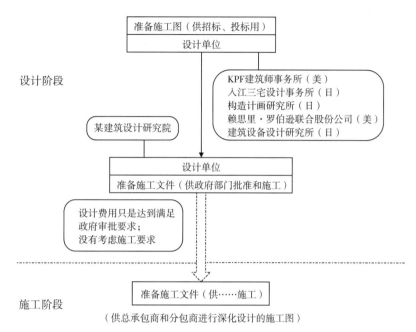

图 5.4-1　上海环球金融中心项目增加总包设计任务示意图

5.4.1　深化设计的工作内容

常规项目的深化设计工作一般可以分成两个部分：

（1）施工图中不能直观表达，须由施工企业依据相关规范进行细化的部分，如复杂节点钢筋的排布，型钢混凝土节点，地面、墙面、屋面界格缝的设置，机电设备管线的综合排布等；

（2）由专业承包商进行深化设计的部分，如基坑支护、预应力结构、钢结构、幕墙、电梯、机电各专业（暖通空调、给水排水、消防、强电、弱电等）、景观绿化及其他室内外精装修等。

5.4.2　深化设计的管理体系

一个总承包工程的设计任务通常由许多专业分包商承担，这就要求总包商对其进行规范有效的管理，以避免造成图纸上的混乱，影响工程的进度和质量。承包商通过计划、组织、指挥、控制、协调等职能管理手段，对各设计专业进行进度、质量、成本、合同等方面的控制，最终提供能指导现场施工的图纸。

在总承包工程项目中进行设计深化的管理，总包商需要建立深化设计的管理体系，一般包含两方面：一方面是对专业技术的管理，即对分包商的深化设计管理，需要根据具体的专业组建专门的设计组织来负责；另一方面是对文档信息的管理，包括对主要文件的翻译、文件的发放、图纸的分类整理和打印晒图等工作的管理。对深化设计的管理还要根据管理体系的设置，设定相应的流程，具体界定业主、总承包商、分包商、设计方的行为规则和责任，使深化设计的管理有序进行。如在机电安装的深化设计中，一般包含以下内容：领取设计图纸和光盘，各专业人员对本专业进行深化设计，在同一底盘上将各管线进行叠加并会审图纸、标注交叉点的标高，对总图进行修改，送审打印等。

5.4.3 深化设计的管理方法

在深化设计的管理中，根据项目管理的知识体系，运用技术、经济、管理、组织等措施对深化设计的进度、质量、成本、合同、信息等方面进行管理，保证其控制目标的实现。

1. 深化设计的进度管理

深化设计的进度会影响到整个项目的工期，设计完不成，施工就不能进行，其后果就是造成工期的拖延。为了保证设计的正常进度，通常可以采取以下措施：

（1）各专业深化设计部门须根据总承包商指定的工程施工总进度计划提前编制各专业的出图计划，经总承包商审核、协调、批准后下发给分包商或相关单位执行。

（2）所有分包商必须严格执行总承包商的出图计划，并提交进度报告。遇到问题应尽早向总包商报告，以便总包商协调相关方。

2. 深化设计的质量管理

设计是工程实施的关键，深化图纸的质量在一定程度上决定了整个工程的质量，同时设计质量的优劣将直接影响工程项目能否顺利施工，并且对工程项目投入使用后的经济效益和社会效益也将产生深远的影响。总承包商为提高设计质量，通常可以采取以下措施：

（1）总承包商编制设计质量保证文件，经业主确认后予以公布，以此作为各专业工作组和分包商开展工程设计的依据之一。

（2）根据原设计的要求对设计文件的内容、格式、技术标准等做统一规定，要求设计人员严格按照这些规定编制设计文件。

（3）层层把关，全面校审。分包商负责将深化图纸提交设计项目经理审核；设计项目经理部再将深化图纸提交项目经理审核；最后提交设计方进行审定。

（4）对于设计的变更要及时形成书面备案，并且及时通告相关专业。在协调的过程中，还要进行全过程的技术监督。

3. 深化设计的成本控制管理

在大多数合同中，总承包商或专业分包商的深化设计费用一般包含在工程总价中，故项目设计部门要尽量降低设计成本，这就要求总承包商加强对深化设计的成本控制的管理。通常总承包商将审定的成本额和工程量先行分解到各专业，然后再分解到分包商。在设计过程中进行多层次的控制和管理，实现成本控制的目标。通常采取以下成本控制措施：

（1）总承包商在投标前，应先仔细审查招标文件中的业主要求，确认设计标准和计算的准确性，避免在后期的设计和施工中出现偏差。

（2）在深化设计阶段对分包商采取限额设计或优化设计措施。

（3）对设计过程中执行业主的变更指令或修改原始设计错误及时办理相应的索赔手续。

4. 深化设计的合同管理

国际通用的 FIDIC 合同条件中规定：无论承包商从业主或其他方面收到任何数据或资料，都不应解除承包商对设计和工程施工承担的职责。因此在招标阶段就要对业主的招标工程范围、技术要求以及工作量清单等资料进行仔细的分析研究，以避免由于招标条件造成的失误。对深化设计的合同管理通常采取以下措施：

（1）派遣经验丰富的专家认真研究招标文件的内容及附件，在总承包合同中明确设计的深度以及由设计变更造成的责任承担问题，并确定完成设计工作的方法和保证设计目标实现的措施。

（2）选派管理和施工经验丰富的专家主持合同条件谈判，尤其是合同特殊条款的制定谈判，在与业主签订合同前对可能发生变化的内容尽可能在合同中予以明确或限定，以便中标后得以获得变更补偿的机会。

（3）合同签订以后，组织相关人员仔细对合同及附件中的内容、要求进行对比，对于已超出原投标范围或改变了原来的专业技术要求的，应及时与业主方商定处理程序和办法。

5. 深化设计的信息管理

工程总承包项目中，因其专业和设计数量庞大，设计过程中难免会出现多次变动和反复修改，为此需要对深化设计系统进行信息管理。通常采取以下措施：

（1）对项目参与各方之间有关深化设计的所有文件进行管理，如深化设计变更、深化图纸的鉴定等。这些文件反映了图纸深化的各个过程，有利于深化设计的责任界定和索赔管理。

（2）对深化图纸的管理，对经总承包商批准的各专业深化图纸进行归档，编制深化图纸目录文件，发送有关部门以便于对深化图纸的查询。

5.4.4　深化设计的管理流程

深化设计的管理流程如图 5.4-2 所示。

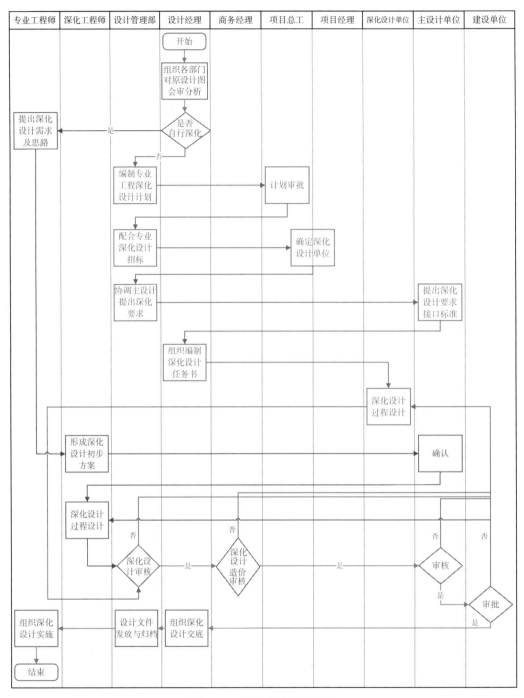

图 5.4-2　深化设计管理流程

5.4.5　做好深化设计管理的建议

（1）重视招标阶段的文件审核，确保设计输入的数据资料正确无误；在合同条款中明确业主设计图纸的设计深度是概念性、指导性的还是实施性的，并明确承包商完成的施工图纸的设计深度和设计责任范围，工作的处理程序和方式。

（2）中标后，要深入理解设计意图、预期目标、功能要求以及设计标准。组织分包商和项目相关人员制定实施规划方案，此外，最好应聘请方案设计方做顾问，以便贯彻设计单位的原设计意图，减少由于理解错误造成的承包商风险。

（3）按照我国工程建设有关法律法规进行规范操作，建立审查制度。相关专业深化设计组织根据审查意见再次进行深化设计的修改报审，直至审批通过。

（4）建立深化设计项目管理体制。对深化设计进行进度、质量、成本、信息管理，并从技术、管理、组织、合同、经济等方面确保深化设计管理目标的实现，实现对深化设计过程的科学管理。

5.5　小结

本章在整理、归纳相关研究资料的基础上，对工程总承包模式下施工阶段的设计管理工作进行了梳理总结。工作要领整理如下：

（1）设计会审和设计交底。施工前组织设计、监理、施工管理部门、施工分包进行施工图设计会审和设计交底（条件允许的情况下，设计会审可提前至施工图完成后、外部送审之前进行；设计交底在施工图外审完成后、施工开始前进行）。

（2）设计例会制度。定期召开设计例会（一般一周一次），协同施工管理部门做好施工过程中的相关设计接口工作，处理设计与施工质量、进度、费用之间的接口关系。

（3）设计变更管理。严控工程变更；对确有必要的变更，协调设计单位修改设计文件并进行审核，随后及时向有关各方签发设计变更通知书。如变更造成工程量、施工进度或费用的变化，还应与施工管理部、采购管理部等相关部门进行沟通。

（4）施工管理协助。协助施工管理部门完成施工管理工作，例如，召开专项技术会或重大技术方案研讨会、设计驻场服务、隐蔽 / 单位 / 单项工程验收、工程质量事故分析处理等。

本章对中建八局近些年的设计施工"双优化"工作进行了总结，提出了系统性的优化措施，包含结构设计、机电设计和施工组织设计三部分。设计施工"双优化"工作中积累的宝贵经验，既是对设计管理方法的补充完善，也是中建八局在设计方面的一大技术优势。工程总承包模式下，通过加强设计管理，可以使这一优势得以充分发挥，成为中建八局工程总承包管理的重要加分项。

本章还结合中建八局实施项目的深化设计实施经验，梳理了深化设计管理的方法，提出了深化设计管理流程，总结了做好深化设计管理的建议。这部分内容不仅适用于工程总承包项目，也可以直接应用于施工总承包项目的深化设计管理。

本章参考文献

[1] 张雍 . 浅谈施工阶段的建设方设计管理 [J]. 建设监理，2016，205（7）：54-55.

[2] 周子炯 . 建筑工程项目设计管理手册 [M]. 北京：中国建筑工业出版社，2013.

[3] 柏永春 . 大型商办项目施工阶段建设方设计管理方法 [J]. 建设监理，2016，206（8）：15-17.

[4] 鲁辉 . 浅析"双优化"工作的方法和策略 [J]. 经营管理者，2015（22）：354.

[5] 徐传亮，光军 . 建筑结构设计优化及实例 [M]. 北京：中国建筑工业出版社，2013.

[6] 张同波 . 建筑工程中影响施工的部分设计问题的研究与思考 [[J]. 施工技术，2011，40（1）：41-47.

[7] 王陈远 . 基于 BIM 的深化设计管理研究 [J]. 工程管理学报，2012，26（4）：12-16.

[8] 陈勇，李隆，李军 . 浅谈施工总承包项目如何深化设计创效 [J]. 企业技术开发，2011，23（30）：181-182.

第6章

基于 BIM 的设计管理探索

近年来 BIM（Building Information Modeling，建筑信息模型）的提出和发展，对建筑业的科技进步产生了重大影响。应用 BIM 技术，有望大幅度提高建筑工程的集成化程度，促进建筑业生产方式的转变，提高投资、设计、施工乃至整个工程生命期的质量和效率，提升科学决策和管理水平。特别是在工程总承包模式下，BIM 技术的应用可以有效提高多方协同工作的效率。将 BIM 技术应用于设计管理过程中，对于设计施工一体化的高效运作具有积极的意义。

建筑业 BIM 应用主要以施工阶段的施工模拟为主，在设计阶段的应用较少，未来随着技术发展和推广，BIM 技术的应用将逐步拓展至设计阶段。因此，应尽早将 BIM 管理纳入设计管理的工作范围。一方面，可以借助 BIM 技术全面提升设计管理水平；另一方面，设计管理介入 BIM，可以在 BIM 平台上搭建设计与施工的沟通桥梁，使 BIM 模型真正满足全周期的使用要求。

本章在参考大量研究文献的基础上，结合行业内 BIM 项目经验，对 BIM 技术在设计管理中的应用情况进行总结以供参考。需要说明的是，部分引用的文献或案例虽然不是基于工程总承包模式，但仍有一定的借鉴意义。

6.1 BIM 技术在工程总承包设计管理中的应用优势分析

6.1.1 BIM 技术简介

BIM 是工程项目物理和功能特性的数字化表达，是工程项目有关信息的共享知识资源。BIM 的作用是使工程项目信息在规划、设计、施工和运营维护全过程充分共享、无损传递，使工程技术和管理人员能够对各种建筑信息做出高效、正确的理解和应对，为多方参与的协同工作提供坚实基础，并为建设项目从概念到拆除全生命周期中各参与方的决策提供可靠依据。

BIM 是一种应用于工程设计建造管理的数据化工具，支持项目各种信息的连续应用及实时应用。B1M 的提出和发展，对建筑业的科技进步产生了重大影响。BIM 正在成为继 CAD 之后推动建设行业技术进步和管理创新的一项新技术，也是进一步提升企业核心竞争力的重要手段。美国、英国、澳大利亚、韩国等发达国家和地区，为加速 BIM 的普及应用，都相继推出了各具特色的技术政策和措施。

6.1.2 BIM 技术在国内的应用现状

我国政府和行业协会也对 BIM 发展高度重视，将 BIM 技术列为住房和城乡建设部建筑业"十二五"规划重点推广的新技术之一。

目前国内已经将 BIM 技术应用于建筑设计阶段、施工过程及后期运营管理阶段，主要进行协同设计、效果图及动画展示和加强设计图的可施工性，以及三维碰撞检查、工程算量、虚拟施工及 4D 施工模拟等。

整体上讲，BIM 技术已开始渗入建筑行业的各个领域，在国内不少的高校、科研院所、设计院及施工企业等都开始思考如何应用 BIM 技术来满足未来建筑行业的发展需求，这些需求集中在方案设计、施工管理及项目精细化管理上。

得益于 BIM 相关技术在建筑工程设计中的应用，包括北京奥运会水立方、天津港国际邮轮码头、上海中心大厦在内的一系列体量大、造型和空间关系复杂、协同要求高的建设工程项目的建筑工程设计工作能够较为顺利地开展。

然而 BIM 技术在我国的推广过程也存在着一定的问题。当前国内建筑领域 BIM 应用最显著的问题是普遍停留在解决单项技术问题的层面，缺少支持项目级和企业级管理提升的 BIM 应用方法。总体来说，目前国内 BIM 应用主要集中在设计院和施工单位，侧重某一阶段几个相对容易的层面去打破信息壁垒，例如设计院内部不同专业的协同、施工总包和不同分包之间的协同。受制于法律制度环境、硬件水平、建设单位的理解程度和建筑行业传统利益分配，目前并未普遍实现跨单位和跨阶段的全过程信息共享和协同作业。

目前另一个制约国内 BIM 发展的因素是长期缺少统一的应用和实施标准。值得期待的是，这一局面正在得到改善。国家级的 BIM 标准与规范的编制工作已经启动，北京、上海等 BIM 发展前沿地区纷纷启动了地方标准的编制工作。

国家标准《建筑信息模型应用统一标准》GB/T 51212—2016 已于 2017 年 7 月 1 日起实施。

6.1.3 BIM 技术对于工程总承包模式的意义

随着近年来 BIM 在我国建筑行业的逐步推广，企业对 BIM 的应用和实践也逐渐增多。当业主要求建筑设计企业使用 BIM 或建筑设计企业决定开展 BIM 业务时，如果项目依旧采用传统 DBB 模式，由于缺乏多项目参与方的共同协作，BIM 作为项目信息综合平台的价值被大大削弱。

BIM 项目采用总承包模式，一方面可以减少 BIM 模型在传统 DBB 模式下从设计阶段到施工阶段过程中由于需求的不同而造成的不断重建；另一方面让 BIM 在设计阶段的一些应用更加合理，如碰撞检测不再是单纯的构件之间的"硬碰撞"，而是考虑了施工工艺空间的"软碰撞"。由于突破了传统 DBB 模式下设计、施工、运营维护的串联式过程，并加强了项目参与各方的协作，总承包模式将有利于 BIM 业务的开展并利于 BIM 技术发挥出更大的价值。

总承包模式下应用 BIM 技术，BIM 信息可以在项目设计阶段、建造阶段、运营维护阶段依次传递和共享，会在项目全生命周期的各阶段给各参与方都带来巨大的效益。对于投资，有助于业主提升对整个项目的掌控能力和科学管理水平、提高效率、缩短工期、降低投资风险。对于设计，支撑绿色建筑设计、强化设计协调、减少因错、漏、碰、缺导致的设计变更，促进设计效率和设计质量的提升。对于施工，支撑工业化建造和绿色施工、优化施工方案，促进工程项目实现精细化管理、提高工程质量、降低成本和安全风险。对于运维，有助于提高资产管理和应急管理水平。

随着我国众多工程建设企业向总承包商转型，总承包模式将逐步普及，这也会进一步促进 BIM 技术的发展。

6.1.4　BIM 技术对于设计管理的意义

1. 传统二维设计模式的弊端

传统二维设计模式下，常规建筑工程的设计沟通管理如图 6.1-1 所示。

相比于基于 BIM 技术的三维设计模式，这种基于二维图纸的设计模式存在着明显的弊端。

（1）设计师的意图表达与业主预期之间的冲突。由于二维图纸表达三维实体具有较大局限性，平面、立面、剖面、局部详图等割裂式的建筑信息不够形象，业主需求与设计师理解表达的误解不可避免。

（2）设计缺漏和专业碰撞。传统的二维设计手段下，各专业的设计师往往只能发现本专业平面图中存在的问题。一些有经验的设计师虽然具有更加敏锐的观察能力和强大的空间想象能力，但空间问题通常又涉及多个专业，如果缺乏有效的沟通，往往难以全面地检查出设计中的各种问题。

（3）各专业间的设计协同问题。由于我国很多建筑设计企业并不注重外部参照的应用，也不注重 CAD 模型空间与图纸空间的区分，有时候一个文档包含了多张图纸，所谓的"参照"是通过复制粘贴的方法实现的。这样的做法不仅使二维协同设计难以开展，而且无法保障各专业之间的参照保持最新状态。

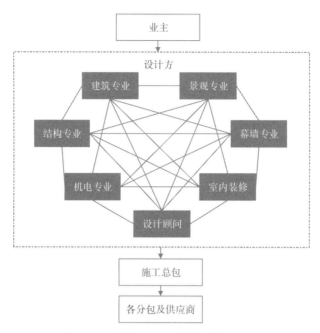

图 6.1-1 常规项目设计沟通管理图示

（4）传统设计流程缺乏灵活性。各专业都有自己的工作主线和专业图纸，信息交流主要依靠关键节点的提交资料来完成，信息共享难以保证实时性。一旦某一专业的设计发生改变且专业间未能及时沟通，很可能在下一次关键节点的提交资料中才能被发现，而这将有可能导致大量的设计返工，甚至影响整体设计进度和质量。

（5）设计方案与性能指标论证的有效性偏低。传统建筑性能指标，如节能、节水、防火、通风、采光、疏散等计算和分析的准确性偏低，并且联动反馈的周期较长。

（6）造价控制的完整和精细程度不够。由于二次机电深化、各种管线碰撞、结构预留洞错误、设计变更、图纸错误等导致的工程量和投资增加无法及时计算，并且无法采取有效的措施减少和避免。

（7）施工可行性论证和运营维护阶段的建筑信息利用效率较差。施工进度和施工方案的可行性模拟、建设过程中庞大琐碎的工程部件及建筑构件信息库的准确备案以及运维过程中对建筑信息的维护、调取、利用、更新等一直是难点。

2. 运用 BIM 进行设计管理的优势

由于建设项目分阶段开展设计工作的特点，设计管理是一个标准的长流程管理，而通过 BIM 进行设计管理，则可以简化管理流程、压缩路径从而实现破除信息割裂、共享信息流，使各种信息能够顺畅地流向 BIM 模型。BIM 并不是简单意义的从二维到三维的发展，而是为建筑设计、建造以及管理提供协调一致、准确可靠、高度集成的信息模型，是整个工程项目各参与方在各个阶段共同工作的对象。对比图见图 6.1-2。

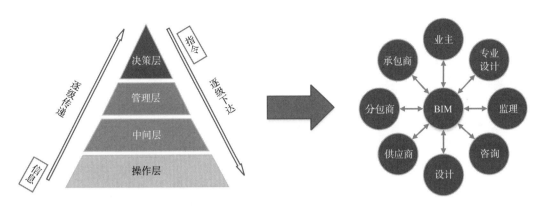

传统建设模式的信息沟通方式　　　　　　　　BIM 集成化建设模式的信息沟通方式

图 6.1-2　传统协调沟通模式与基于 BIM 沟通模式对比

　　总承包模式下采用 BIM 平台进行设计信息的管理和协调，可以保证信息传递的完整性和流畅性，避免设计分包不直接与设计管理人员协调，而直接与业主方联系，这样沟通协调的效率和质量都不高，影响整体项目的质量和进展。

　　用 BIM 协同平台代替设计总控方本身来作为设计协调工作的中心后，所有的设计信息都将存储在协同平台中，且设计以三维可视化形式进行展示，这样信息的传递效率和质量都将提升，设计总控方对各单体设计方的协调管理更加方便，只需查看协同平台所有信息，并根据协同平台的信息进行沟通协调。这样基于 BIM 的设计管理并非以某一管理团队为中心，而是基于 BIM 的协同管理平台进行设计管理，如图 6.1-3 所示。

　　同时，BIM 作为项目的信息综合平台，使一些在传统 DBB 工程模式下难以量化或评价的信息变得相对容易量化或评价，为工程设计活动的项目管理提供了更全面、更可靠的数据依据，在工程设计管理中有较强的适宜性。

　　此外，BIM 以其突破性的协同设计、设计检查和设计文件管理等功能，全面、综合地考虑从建设工程项目的策划阶段到方案设计阶段、初步设计阶段再到施工图设计阶段，设计文件所应该满足的种种质量特性，可以使建筑工程设计更加准确、高效。

　　运用 BIM 进行设计管理带来的最直接的变革就是：项目各参建单位，包括建设单位、设计单位、施工单位、政府有关部门等均围绕 BIM 模型开展"三控三管一协调"等工作，以 BIM 模型深化作为核心工作，完成从设计方案模型到运营维护模型的整体交付，从而破除传统模式中很多难以规避的程序化、流程性工作，实现准确、高效、高附加值的设计管理效果。

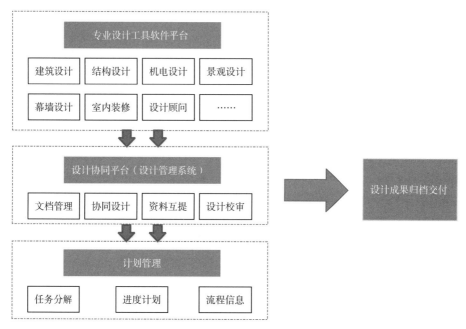

图 6.1-3　基于协同管理平台的设计沟通管理图示

6.2　BIM 技术在设计阶段的应用方法简介

设计阶段应用 BIM 技术后，传统二维模式下的设计流程和组织架构都会相应发生变化。中国建筑股份有限公司（以下简称中建）于 2014 年编写了《建筑工程设计 BIM 应用指南》（以下简称《设计指南》），用于指导中建系统内各设计企业的 BIM 应用。该《设计指南》充分考虑时效性、实用性和中建企业特点，详细描述了设计全过程（方案设计、初步设计、施工图设计）BIM 应用的业务流程、建模内容、建模方法、模型应用、专业协调、成果交付等具体指导和实践经验，并给出了软件应用方案。

本节主要参考《设计指南》，对 BIM 技术在设计阶段的应用进行简要介绍。

6.2.1　设计阶段的 BIM 应用模式

目前，工程设计 BIM 应用主要有以下几种模式：模型为主的 BIM 应用模式，模型与图形并用模式，图形为主的 BIM 应用模式。也有文献将其称为设计型 BIM、设计辅助型 BIM 和翻模型 BIM。

1. 模型为主的 BIM 应用模式（设计型 BIM）

通过 BIM 建立较完整的模型，大多数图形由模型二维视图自动生成。对于不符合制图习惯和要求的部分，借助传统绘图工具补充完善。此种模式下，建模工作量大，建模要求较高，大多数图形可以基于模型自动生成（图 6.2-1）。

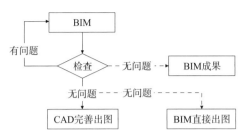

图 6.2-1　模型为主的 BIM 应用模式

2. 模型与图形并用模式（设计辅助型 BIM）

改造国外 BIM 软件使之符合中国工程设计实际需求、改造国内 CAD 软件使之具备 BIM 能力以及开发国内基于 BIM 技术的软件是获取符合国情 BIM 软件的三条主要途径。

目前设计企业普遍使用的一系列基于 CAD 技术的国内设计软件，具有良好的本地标准规范支持能力以及专业信息处理能力，是设计企业 BIM 应用软件的重要组成部分。

通过在设计过程中同步建模，均衡利用 BIM 能力。有些工作以模型为主完成，有些工作以图形为主完成，部分图纸的交付物由 BIM 模型二维视图自动生成（图 6.2-2）。此种模式下，图形和模型关联性需要特别关注，容易产生图模不匹配和错误。随着 BIM 应用的深入，会逐步过渡到模型为主的 BIM 应用模式。

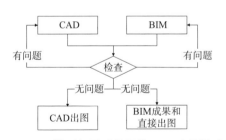

图 6.2-2　模型与图形并用的 BIM 应用模式

3. 图形为主的 BIM 应用模式（翻模型 BIM）

以二维图纸为主，根据图纸建立模型，模型主要用于可视化和专业协调（图 6.2-3）。所有需要交付图纸都在传统环境中完成，交付图纸与制图标准符合程度高，但 BIM 模型对工程设计的效果和效益提升作用不大。随着 BIM 应用的深入，会逐步过渡到模型为主的 BIM 应用模式。

就现有的 BIM 软件能力和设计院需要交付的图纸要求来看，用 BIM 技术提高以绘图作为主要工作量的设计工作效率还存在比较大的差距。

目前情况下 BIM 应用比较容易实现的是提高项目的设计质量，以及交付法律要求施工图以外的 BIM 成果，至于图纸是从模型中生成、生成以后用 CAD 软件修改还是单独用 CAD 绘制，则要看哪种方式更符合设计院和项目的实际情况来决定，这些不同的应用方式之间并没有低级和高级之分。

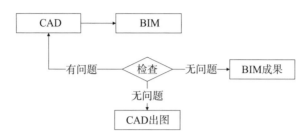

图 6.2-3　图形为主的 BIM 应用模式

6.2.2　设计阶段的 BIM 应用软件

设计阶段常用的 BIM 建模、可视化和应用软件见表 6.2-1。

由于软件的推广力度、上手难易程度、费用等诸多原因，目前国内的建筑工程 BIM 设计软件主要以 Autodesk 旗下的 Revit、NavisWorks 为主，众多设计院都开展了相关的培训，并建立了自己的 BIM 技术团队。Bentley、Dassault 也占有一定的国内应用市场。以上海地区为例，上海现代建筑设计（集团）有限公司下属的华东建筑设计研究总院（简称华东院）近年就在尝试使用 Bentley 相关产品；上海市政工程设计研究总院则选择了更适应市政工程特点的 Catia 软件。

常用 BIM 建模、可视化和应用软件　　表 6.2-1

软件工具			设计阶段		
公司	软件	专业功能	方案设计	初步设计	施工图设计
Trimble	SketchUp	造型	●	●	
Robert McNeel	Rhino	造型	●	●	
Autodesk	Revit	建筑、结构、机电	●	●	●
	Showcase	可视化	●	●	
	NavisWorks	协调、管理		●	●
	Civil 3D	地形、场地、道路		●	●
Graphisoft	ArchiCAD	建筑	●	●	●
Progman Oy	MagiCAD	机电		●	●
Bentley	AECOsim Building Designer	建筑 结构 机电	●	●	●
	Prosteel	钢结构			●
	Navigator	协调、管理		●	●

续表

软件工具			设计阶段		
公司	软件	专业功能	方案设计	初步设计	施工图设计
Tekla	Tekla Structure（Xsteel）	钢结构		●	●
Dassault System	Catia	建筑、结构、机电	●	●	●

6.2.3　设计企业内部 BIM 团队的组织管理

设计企业内部 BIM 团队的组织管理模式一般有三种，分别是：全员普及模式、集中管理模式、分散管理模式。除此之外，部分设计企业在特定环境下，也会采用 BIM 应用业务外包的管理模式。外包一般分为两种：工作外包和人力资源外包。外包模式仅是 BIM 应用的权宜之计，对设计企业的技术进步和业务创新作用不大，不推荐设计企业采用。

1. 全员普及模式

全员普及模式是设计企业依据发展战略制定的整体推动 BIM 应用普及的模式。全员普及模式是设计企业全专业、全人员、全流程的 BIM 应用模式，即全体设计人员掌握并使用 BIM 工具从事设计业务活动，以 BIM 为核心制定全专业的业务流程，并依此建立与之配套的 BIM 资源和其相应的标准规范，使 BIM 成为企业新的核心竞争力。全员普及模式是 BIM 应用的理想模式，是未来的发展方向，也是优先推荐的模式。

与集中管理模式相比，全员普及模式不单设与 BIM 应用相关的岗位，而是将这些岗位职责与原岗位合并。

2. 集中管理模式

集中管理模式是指企业或部门将掌握 BIM 应用的人员，以及支持 BIM 应用的 IT 环境集中起来，建立"BIM 中心""BIM 工作站""数字设计中心"等类似名称的组织（以下简称 BIM 中心），目的是探索 BIM 应用特点，服务特定项目的 BIM 应用需求，同时也为设计企业建立 BIM 应用的品牌效益和竞争力打下基础。

集中管理模式是当前设计企业在 BIM 应用初期采用较多的模式，有些企业将所有涉及 BIM 应用的工程都放在 BIM 中心，有些企业的 BIM 中心在自行承揽项目的同时也支持其他部门的 BIM 应用，有些企业的 BIM 中心不单独承揽项目，仅支持其他部门的应用。随着 BIM 应用的深入，集中管理模式应该逐步过渡到全员普及模式。

3. 分散管理模式

企业通过培训和招聘，积累 BIM 应用的人力资源，但不设立专门的组织架构和岗位。有 BIM 应用能力的人员分散在原有的组织架构中，在完成传统二维工程设计任务的同时满足特定项目的 BIM 应用需求。

这种管理模式对企业现有组织结构和整体业务没有影响，但容易出现企业整体 BIM 应用周期较长、BIM 人力资源不易协调、难以形成企业的 BIM 应用核心竞争力、

BIM 资源管理不系统且不易积累、BIM 应用水平难以提高等问题。

6.2.4 设计阶段的 BIM 应用计划

1. BIM 应用计划的意义

BIM 成功应用的前提条件是制定一个详细而全面的工程设计 BIM 应用计划（以下简称 BIM 计划），并与设计业务过程相结合。基于工程项目的个性化，并没有一个适用于所有项目的最优方法或计划。每个设计团队必须根据项目需求，有针对性地制定一个 BIM 计划。在项目全生命期的各个阶段都可以应用 BIM，但必须考虑 BIM 应用的范围和深度，特别是当前的 BIM 支持程度、设计团队本身的技能水平、相对于效益 BIM 应用的成本等，这些对 BIM 应用的影响因素都应该在 BIM 计划中体现出来。

BIM 计划应该在设计过程的早期制定，并描述整个设计期间 BIM 应用的整体构想以及实现细节。负责制定计划的团队要有代表性，代表设计团队的主要成员，至少应该包括设计团队的设计经理和各专业的设计负责人。

2. BIM 计划的制定流程

项目设计各专业的主要人员都要积极参与 BIM 计划的制定。BIM 计划的制定可参考以下过程：

（1）明确 BIM 应用为项目带来的价值目标，以及将要应用的 BIM。

（2）以 BIM 应用过程图的形式，设计 BIM 应用流程。

（3）定义 BIM 应用过程中的信息交换需求。

（4）明确 BIM 应用的基础条件，包括合同条款、沟通途径以及技术和质量保障等。

项目 BIM 计划的制定和执行不是一个孤立的过程，要与工程设计的整体计划相结合；BIM 计划的制定也不是由某个人或某个组织独立制定的，而是项目设计各专业合作的结果。

BIM 计划的制定过程可以通过一系列的协作会议完成，逐步进行。BIM 计划协调和制定因项目的承揽方式不同、BIM 计划制定的时机不同、参与者的经验不同而有变化。一般由设计项目经理负责，各专业设计负责人参加。总承包模式下，设计管理人员应参与制定 BIM 计划，确保 BIM 计划服从项目整体进度要求。如涉及与业主、分包的协调，也应考虑邀请相关代表参加。如果 BIM 制定经验不足，可以考虑引入第三方 BIM 咨询。

3. BIM 计划的主要内容

BIM 计划的主要内容包括：

（1）BIM 计划概述。阐述 BIM 计划制定的总体情况及 BIM 应用效益目标。

（2）项目信息。阐述项目的关键信息，如：项目位置、项目描述、关键的时间节点。

（3）关键人员信息。作为 BIM 计划制定的参考信息，应包含关键的工程人员信息。

（4）项目目标和 BIM 应用目标。详细阐述应用 BIM 要到达的目标和效益。

（5）各组织角色和人员配备。项目 BIM 计划的主要任务之一就是定义项目各阶段 BIM 计划的协调过程和人员责任，尤其是在 BIM 计划制定和最初的启动阶段。确定制定计划和执行计划的合适人选，是 BIM 计划成功的关键。

（6）BIM 应用流程设计。以流程图的形式清晰展示 BIM 的整个应用过程。

（7）BIM 信息交换。以信息交换需求的形式，详细描述支持 BIM 应用信息交换过程，模型信息需要达到的细度。

（8）协作规程。详细描述项目团队协作的规程，主要包括：模型管理规程（例如，命名规则、模型结构、坐标系统、建模标准，以及文件结构和操作权限等），以及关键的协作会议日程和议程。

（9）模型质量控制规程。详细描述为确保 BIM 应用需要达到的质量要求，以及对项目参与者的监控要求。

（10）基础技术条件需求。描述保证 BIM 计划实施所需硬件、软件、网络等基础条件。

（11）项目交付需求。从设计的角度，描述对最终项目模型交付的需求。项目的运作模式（如：DBB 设计 - 招标 - 建造、EPC 设计 - 采购 - 施工、DB 设计 - 建造、EP 设计 - 采购、PC 采购 - 施工、BOT 建造 - 运营 - 移交、BOOT 建造 - 拥有 - 运营 - 移交、TOT 转让 - 运营 - 移交等）会影响模型交付的策略，所以需要结合项目运作模式描述模型交付需求。

6.2.5 设计各阶段的 BIM 运用

以 6.2.1 节介绍的"模型为主的 BIM 应用模式"为例，按照建筑工程项目通常采用的方案设计、初步设计、施工图设计三个阶段，对各阶段 BIM 主要工作内容说明如下。

1. 方案设计

设计师通过对模型中主体、场地、景观、流线等直接观察，可在设计阶段更好地进行流线组织、功能分区以及日照、风环境、热环境、照明等性能分析，并根据业主修改要求，当场演示各种分析结果，以便比对和决策。

2. 初步设计

对业主选定的建筑专业设计方案深化工作可直接于模型中完成。技术经济指标可通过软件自动统计的数据计算，平面图、立面图、剖面图绘制在模型内，根据需要自由设置。BIM 结构计算模型搭建后，直接导入 PKPM、Etabs 等结构分析软件中进行结构计算，并更新到 BIM 模型中。由于建筑与结构协同建模，结构模板图不会再出现建筑、结构位置不对应的现象，保证了设计的协同性、一致性。机电专业按初步设计深度进行管线布置，可初步排定各系统管线标高及走向。

3. 施工图设计

各专业图纸均反映在 BIM 模型之中,可由模型根据需要设置生成图纸目录、详图、门窗表、设备表等,而无需再单独绘图,甚至原来各专业总说明中以文字描述的某些内容,如做法表等,也可直接绘制于模型之中。由于模型数字化带来的精确性,精装修施工图设计亦可提前进行,需要的尺寸余量可一并于模型中考虑,BIM 设计具备空前的集成化程度,真正将项目策划和项目设计作为一个整体来考虑。结构专业随设计方案的确定,完成具有施工图深度的结构模板图、基础布置图等,根据配筋计算结果,绘制结构平法施工图。安装专业随水、暖、电各专业设计达到设计深度,同步进行碰撞检查和管线综合,确保图纸的准确性,结构预留洞图不会发生遗漏。

在初步设计和施工图设计阶段,涉及各专业之间的协同工作。传统的设计流程中,是采用互提资料的工作方式。以建筑工程为例,建筑专业先出方案图纸,发给结构、给水排水、暖通、电气各专业,然后各专业间互提条件,各专业根据其他各专业的条件和本专业的技术要求进行设计,如图 6.2-4 所示。这种专业间互提资料的过程是多次进行的,为保证各种条件的正确传递,就需通过版次和编号的设置进行管理。信息传递复杂,错误在所难免。

应用 BIM 技术后各专业间协作的工作方式如图 6.2-5 所示。整个设计过程始终围绕协同模型开展。依靠 BIM 软件各专业在进行本专业设计的同时可以时时参考其他专业的模型,并可随时进行碰撞检查,有效降低了各种错误的发生。

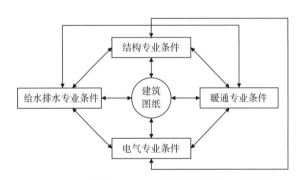

图 6.2-4 传统的各专业间互提资料的工作方式

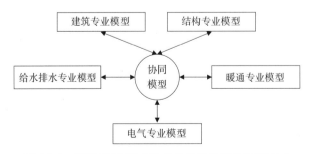

图 6.2-5 基于 BIM 技术的各专业间协作的工作方式

6.3 BIM 技术在设计管理中的应用策略

目前，BIM 技术在我国建筑工程设计领域的推广，通常被简单地当作 BIM 软件的推广，其应用也较为集中于 BIM 软件的应用。结合 BIM 技术对建筑工程设计管理进行的研究在近期才出现，研究成果主要源自一些应用了 BIM 相关技术的建设工程项目（以下简称 BIM 项目）在实践中所获得的宝贵经验。

本节参考相关研究文献，对 BIM 技术在设计管理中的应用要点简要介绍。

6.3.1 基于 BIM 的设计管理组织架构

根据目前的项目实践，在传统 DBB 模式下，设计阶段 BIM 融入项目组织架构主要有以下几种形式：作为设计院的分包；作为业主的设计分包；作为业主整个项目的 BIM 咨询顾问等。BIM 在项目中不同的参与方式产生不同的分工合作模式，并且在设计管理过程中发挥的作用也不同。在参考传统 DBB 模式的基础上，归纳分析工程总承包模式下设计阶段 BIM 融入总承包项目组织架构的形式如下。

1. BIM 与设计方联合的形式

在基于 BIM 的设计管理过程中，BIM 与传统设计结合应该密不可分。BIM 与传统设计融合的方式有 BIM 和传统设计院组成的联合体或作为设计院的分包等（图 6.3-1）。在实际项目运作中，传统设计方一般不会主动与 BIM 联合，而是在项目的需求引导下，被动地与一家 BIM 单位形成联合体或者找一家 BIM 分包单位进行设计，也有部分设计单位本身有自己的 BIM 团队。

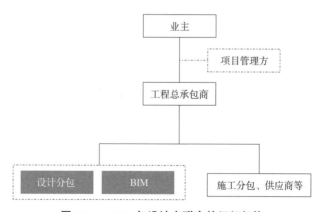

图 6.3-1 BIM 与设计方联合的组织架构

当 BIM 应用仅在设计阶段有要求时，可采用这一合作模式。这样的结合模式其优势是 BIM 与设计结合较为紧密，辅助设计方出图，检查设计成果，可以在一定程度上提升设计的质量并提高设计阶段的效率。其劣势是在设计阶段暂时满足项目需求，但并非从项目全局出发，BIM 实施计划的制定仅限于设计阶段，而不考虑施工阶段的需求，这样便不能体现 BIM 真正的价值，且在设计阶段 BIM 的管理范围有限，主要以传统设计方为主导的设计管理过程。

2. BIM 作为独立分包的形式

为了避免以上合作模式的弊端，同时也为了提升设计和施工阶段的质量，BIM 设计方可以作为独立分包参与项目的设计和施工过程中。BIM 设计方一方面可以充分审核设计方的成果，提升设计阶段的质量，另一方面还可以考虑施工阶段 BIM 的应用点，辅助施工方深化设计方的设计内容，BIM 在施工阶段的设计成果可用于辅助施工（图 6.3-2）。

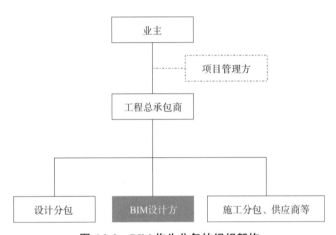

图 6.3-2　BIM 作为分包的组织架构

当工程总承包商、设计分包、施工分包都缺乏 BIM 应用经验且项目 BIM 应用要求较高时，可采用这一合作模式。本合作模式的优势是 BIM 分包从项目全局出发，可大大提升设计阶段的质量，同时除参与设计阶段的质量控制外，还可以辅助进行施工阶段的管理过程。其劣势是指令传递方式为 BIM- 工程总承包商 - 设计方或者 BIM-工程总承包商 - 施工方，这样整个过程中的沟通效率不高，而且 BIM 设计方作为独立于设计单位和施工分包的第三方，管理协调工作量大，团队融入度较低。

3. BIM 作为项目管理咨询顾问的形式

业主聘请专业的 BIM 咨询顾问，为其建立较为合适的 BIM 实施计划，制定统一的标准和原则，最终形成整个项目统一的模型，并指导其他参与方在设计阶段、施工阶段和运维阶段实施 BIM，利用 BIM 解决项目实践过程中的难点，最终形成整个项目统一的模型（图 6.3-3）。

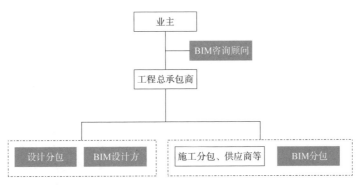

图 6.3-3　BIM 作为项目管理咨询顾问的组织架构

本合作模式需要 BIM 管理咨询方具有较高的综合实力，不仅在 BIM 技术方面起到咨询指导作用，而且在整个项目管理方面有较多的经验，帮助业主实现基于 BIM 的项目管理。本合作方式的优势是便于建立基于 BIM 的管理体系，BIM 技术在整个项目实践中都可以发挥作用，并指导设计方和施工方的工作，帮助解决问题，进行质量控制；其劣势是对 BIM 管理咨询方的要求较高，业主必须充分支持，对原有传统的管理方法产生挑战可能阻碍项目的实施。

近年来中建八局承接的多个万达项目都采用了 BIM 技术，其 BIM 应用组织架构与图 6.3-3 类似。万达公司在 BIM 技术应用上积累了丰富的经验，因此没有聘用 BIM 咨询顾问，而是自己充当了 BIM 管理的总协调，相关的 BIM 标准由业主方万达公司直接制定（图 6.3-4）。中建八局虽然是名义上的总承包商，但在 BIM 设计这一环节设计方仍旧直接听从业主方的领导。虽然未能直接积累基于 BIM 的设计管理经验，但是通过类似项目的开展，我们也获得了直接向业主学习的机会。随着总承包业务的不断拓展和 BIM 应用水平的不断提高，我们也将逐渐具备 BIM 设计管理的能力。这也将有助于进一步提升自身总承包设计管理的水平。

万达项目使我们深刻认识到，业主对 BIM 应用的支持非常重要，这也是在工程项目全生命期延续和体现 BIM 应用效益并使之最大化的关键。在较为成熟的工程总承包模式下，BIM 应用应由总承包商代替业主进行推进。当业主或总承包商牵头，为整个工程项目制定了一个全生命期 BIM 计划后，那么设计团队可以据此制定设计 BIM 计划，并与项目其他方（特别是施工方）互相配合。

因此，BIM 项目采用总承包模式时，总承包方的设计管理部应当从 BIM 层面介入设计流程，完成设计管理的相关工作，即利用 BIM 技术总体把控整个项目设计的质量、进度和成本。理想情况是设计管理人员本身即具备足够的 BIM 应用能力，可以在设计初期制定 BIM 应用计划、全程管理 BIM 设计流程，并借助 BIM 平台完成与设计分包、施工和采购的沟通协调等。

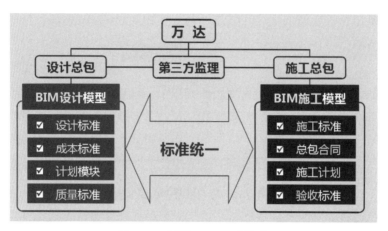

图 6.3-4　万达 BIM 管理模式

目前 BIM 技术还有待于普及推广，BIM 技术应用主要由专业人员负责。为此 BIM 模型在设计阶段的协调可由项目组织架构中 BIM 工作组的人员完成（图 6.3-5），即 BIM 工作组负责 BIM 设计模型审核和 BIM 施工模型的搭建、运行和维护，设计管理部仅负责对传统的二维设计图纸审核。

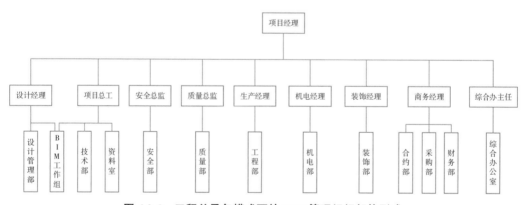

图 6.3-5　工程总承包模式下的 BIM 管理组织架构形式

设计阶段 BIM 管理主要职责是：制定本项目设计阶段 BIM 应用的计划、组织 BIM 设计模型审核、将其他设计管理人员的意见反馈至 BIM 平台上、与设计分包的 BIM 设计人员对接、与总包部其他部门的人员对接等。

BIM 工作组应专门设置 BIM 经理，主要职责包括：负责执行、指导和协调项目全周期内所有与 BIM 有关的工作，以及在所有和 BIM 相关的事项上提供权威的建议、帮助和信息，领导和管理其他工程师和技术人员。工作内容需要和其他技术及管理成员之间进行深度协调以保障完成产品在技术上的合适性、完整性、及时性和一致性。工作需要应用相关 BIM 软件、担任在 BIM 环境中项目组成员间的协调角色。

BIM 经理可以直接就 BIM 模型的问题与设计方的 BIM 负责人进行沟通，也可通过设计管理部将问题发送至设计方。当 BIM 平台具备足够的协同能力时，可以直接在协同平台上进行信息传递和交流。信息传输路径应在项目初期就予以明确，且后期不宜随便更改。

BIM 经理下设置 BIM 工程师若干（土建 BIM 工程师、机电 BIM 工程师、装饰装修 BIM 工程师等）。BIM 工程师负责具体的 BIM 设计模型审核、BIM 施工模型建模、维护等工作，同时把和 BIM 相关的工作都落到实处，比如相关专业进行现场指导和培训。BIM 工程师要具备的能力是熟练运用 BIM 建模工具，建立出符合条件的 BIM 工程模型；同时还要拥有全面的设计、施工、管理知识，对各种形式的工程技术或管理都有合理的对策；能高效沟通协调各方任务，能熟练与各专业技术人员协同工作。

增加 BIM 工作组后，改变了原有的组织结构、工作方式和分配机制，因此需要进一步完善其与项目组原有成员之间的职责、工作交接面、薪酬划分等。

长远来看，当 BIM 应用更为普及后，BIM 管理能力是设计管理人员、施工管理人员均应具备的基本专业素养（类似于 6.2.3 节中介绍的"全员普及模式"）。此时，单独设置 BIM 工作组已无必要。

为方便表述，以下的章节介绍以具备 BIM 管理能力的设计管理人员为描述对象，统一称为"BIM 设计管理人员"。

6.3.2 基于 BIM 的设计管理要点

BIM 技术的引入，彻底改变了传统的设计流程。设计管理的工作内容也需要相应做出调整。除了常规的方案讨论、图纸审查、协调沟通等基本职责外，设计管理人员还应承担 BIM 相关的设计管理工作，如 BIM 模型审查；同时，一些常规工作也会发生变化，设计协调、信息反馈、设计变更等内容可以直接在 BIM 协作平台上完成。如前所述，当设计管理人员暂不具备 BIM 专业能力时，应设置专人进行 BIM 管理。基于 BIM 的设计管理要点主要包括以下几个方面。

1. BIM 设计模型审查

模型信息审查是保证设计信息完整性和准确性的重要环节。BIM 设计团队在项目之初应确定每个设计阶段的专业模型精细度，这一标准应与 BIM 国家标准相吻合，也应与项目合同约定的内容相吻合。BIM 设计管理人员负责定期审查设计人员提供的专业模型，可通过人工和软件两种方式确认模型信息的完整性，模型检查软件包括 Autodesk NavisWorks，Bentley Navigator，Solibri Model Checker 等。审查工作包括两方面：一是否满足建设单位在功能布局、运营维护、投资回报等方面的要求；二是对各设计专业的协同管理和专项分析，如管线综合分析、碰撞检查、净空分析、ELV（弱电）分析、虚拟施工（工序、进度、组织等）、运维模拟等。

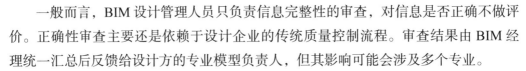

一般而言，BIM 设计管理人员只负责信息完整性的审查，对信息是否正确不做评价。正确性审查主要还是依赖于设计企业的传统质量控制流程。审查结果由 BIM 经理统一汇总后反馈给设计方的专业模型负责人，但其影响可能会涉及多个专业。

2. 专业审核信息的传递与管理

与传统的设计平台相比，BIM 协同平台具有三维协同和多点协同的特征。每个专业完善各自专业信息模型，然后由专门人员在数据平台上负责专业模型的定位和组合，协同设计通过工作集或外部链接的方式完成。一旦设计协同过程中发现设计差错和冲突，系统将会收集信息，并及时反馈给模型的归属者加以干预。

设计管理团队中相关专业人员对各自负责的专业图纸进行审核，如提出的审核意见会影响 BIM 模型，就可以将其直接反馈在 BIM 平台上。审核信息在 BIM 平台上的传递也可以由 BIM 设计管理人员来完成。

3. 施工信息的传递

加强设计与施工的沟通也是 BIM 设计管理人员的职责。在传统的 DBB 模式下，普遍存在下游信息反馈不充分、不及时的问题。虽然设计中的错、漏、碰、缺可以通过 BIM 三维协同和检测得到改善，但仍可能存在某些问题。在工程总承包模式下，依靠业主方、总承包商或 BIM 顾问团队的协调，设计人员能够获取大量的产品和施工信息，使大量反馈信息的处理完成于设计阶段，无疑是理想的 BIM 模式。借助于 BIM 平台，将复杂工程的材料与施工工艺的结合提升至设计阶段，采取技术协作和咨询的方式集合技术团队进行专项研究，对施工工艺相关的反馈信息进行评估，确定解决方案后明确变更专业模型的归属，重新启动设计变更流程。

4. 设计阶段的造价控制

设计阶段运用 BIM 进行管理对造价控制的影响最大，如管线综合与碰撞检查能够彻底消除硬碰撞、软碰撞，优化工程设计，避免在施工过程中由于设备管线碰撞等引起的拆装、返工和浪费；再如裙楼、幕墙、屋顶、大空间的异型设计，虽然占整体建筑体量的比例不大，但是占投资和工作量的比例不容忽视，而且通常也是施工难度比较大和施工问题比较多的地方，对这些内容的设计施工方案进行优化，可以带来显著的工期和造价改进。利用 BIM 带来的投资回报，可消除未编入预算的变更多达 40%、编制成本预算所需时间减少 80%、成本预算的精确度可控制在 3% 以内、碰撞检查后可节省 10% 的合同额、项目建设周期平均减少 7%。

同时，运用 BIM 技术可实现快速、准确的工程量统计。BIM 支持海量全过程工程数据的创建、管理、协同和共享，并且直接对 BIM 模型进行计算和统计，大幅度解放人力、提高效率、提高准确性。

6.3.3　基于 BIM 的分阶段设计管理流程

1. 方案设计阶段 BIM 管理流程

方案阶段的设计文件输入有两种：一种是传统的二维文件，另一种是直接用 BIM 进行设计的三维文件。两种设计文件通过各自的处理方式形成符合标准的 BIM 方案模型，各参建单位将围绕 BIM 方案模型在可视化的环境中进行论证、分析和优化，包括性能模拟分析、指标动态分析论证、功能布局优化等，并可通过 3D 交互体验的方式进行展示和汇报。方案设计阶段管理流程如图 6.3-6 所示。经各方确认后的 BIM 深化方案模型即可作为政府报审和下一阶段设计的基础。

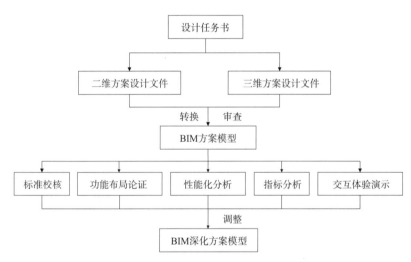

图 6.3-6　BIM 体系下的方案设计阶段管理流程

2. 初步（扩初 / 总体）设计阶段 BIM 管理流程

与方案阶段类似,根据两种形式的初步（扩初 / 总体）设计文件形成 BIM 初步（扩初 / 总体）设计模型。在初步（扩初 / 总体）设计阶段，模型深化的核心工作是建筑、结构、给水排水、电气、暖通等专业的协同，包括管线综合分析、碰撞检查、重点区域净空分析、结构预留洞校核、ELV（弱电）专项分析等。通过这些专项分析可得到相应的分析成果，如碰撞检查报告、净空分析报告、结构预留洞优化图纸（预埋套管图）、综合管线审核报告与优化图纸等，最终形成 BIM 深化初步（扩初 / 总体）设计模型。初步（扩初 / 总体）设计阶段管理流程如图 6.3-7 所示。

3. 施工图与施工阶段 BIM 设计管理流程

施工图与施工阶段设计管理的核心工作主要有以下三点。

（1）变更管理。在初步（扩初 / 总体）设计深化模型和相关分析成果的基础上，进一步审查和优化重点区域的施工图，避免由于管线碰撞和相关专业工种冲突（如机

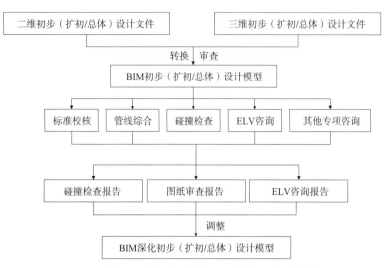

图 6.3-7　BIM 体系下的初步（扩初 / 总体）设计阶段管理流程

电二次深化与装修等）引起的返工和浪费。

（2）施工方案优化。基于 BIM 的数字化建造与虚拟施工可自动完成建筑物构件的预制，并且可与三维扫描技术结合应用进行模拟施工，有助于快速准确判断设计的可实施性。

1）施工前期的深化协调管理。在正式施工前（如有特殊要求的分部分项工程，需要根据设计图纸（模型）进行二次深化，包括确定深化的范围、部位、涉及的工种 / 单位等），制定明确的二次深化设计方案和计划，经相关单位审核确认后方可施工。比如二次机电深化与室内装修的协调、采购和安装的配合、一次设计（原设计）整体系统与局部冲突矛盾的协调、重点部位管线系统等交叉系统的协调。

2）施工过程的多维管控。利用虚拟设计施工（VDC），通过减少误差和疏忽、促进项目协调来大幅削减项目时间和成本，提升项目范围沟通效率，提高工地安全性，实现变更最小化。虚拟设计施工可以实现设计可施工性的快速准确验证，通过与三维激光扫描技术结合的"模模叠合、4D 模拟"形式，可以实时了解现场实际情况，并可将现场情况与设计模型比对，从而检查是否按图施工，或者设计模型存在哪些问题，可实现动态管控并及时纠偏。

（3）运维数据备案。不断深化的 BIM 模型集成了工程项目从前期策划、设计、施工、材料采购、验收等所有环节的相关信息，且可实现从整体模型中按个性化需求进行提取，可再造建设单位运维计划和流程，实现空间和资产管理背景数据创建、查询、指派、统计和分摊的可视化、精细化管理。

施工图与施工阶段设计管理流程如图 6.3-8 所示。

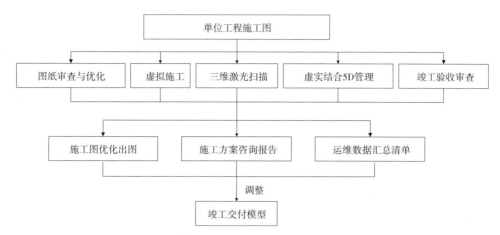

图 6.3-8 BIM 体系下的施工图与施工阶段设计阶段管理流程

6.4 存在的问题及改进建议

6.4.1 基于 BIM 的设计管理中的问题

1. 工作范围问题

由于目前许多项目参与方对 BIM 的认识都还只是一知半解，所以无论是业主提出 BIM 的要求，还是设计师提议使用 BIM，其具体工作范围的界定都是比较模糊的。

首先是 BIM 的业务范围问题。在 BIM 合同谈判上，首先应该明确的就是业主需要的到底是 BIM 设计服务还是 BIM 咨询服务。BIM 设计服务的成果主要体现在准确的建模和高质量的图纸输出上；而 BIM 咨询服务的成果还包括更多基于 BIM 设计模型的有价值的信息，这些信息能更好地配合造价、施工、运营维护等。在 BIM 实践的早期，一些业主向建筑设计企业提出了使用 BIM 的要求，由于缺乏经验，合同中只能以设计团队的人员配备、软硬件的配备作为约束条件，而要提供怎样的服务、得到一个怎样的结果，双方其实都不清楚。其结果往往是业主没能获得所期望的 BIM 成果，而建筑设计企业也不能提供更多应该的咨询服务。这样的合作结果也使双方很难再进行持续性合作。

其次是 BIM 设计具体应用的范围问题。BIM 设计不代表所有的设计内容都要使用三维设计，不代表所有构件都要表现完整的细节，也不代表所有的设备都要具备完整的信息。很多时候，由于缺乏对 BIM 设计范围和深度的指导，设计师一味地追求设计的"精确"，而业主需要的又只是"准确"的施工图纸，则会造成设计成本和时间上的不必要的浪费。

所以，业主不清楚 BIM 的设计范围，则有可能得不到理想的结果；建筑设计企业不明确 BIM 的设计范围，则会带来不必要的工作量。

2. 设计标准问题

企业自身的设计标准意义在于为建筑工程设计项目提供详尽而有序的规则，而建立规则的目的是保障协同设计工作的开展。

BIM 设计作为更加注重协同的设计方式，在建筑设计企业实施标准的基础还是 CAD 标准，但还应进一步添加项目各阶段模型范围及深度规则、BIM 目标与职责、单专业建模流程、多专业模型协调流程、模型输出规则等内容。

由于缺乏适用于我国的 BIM 标准的指导，现阶段我国 BIM 设计业务开展形式仍以翻模型和设计辅助型 BIM 业务为主，大多数的使用者是以 BIM 设计工具去完成传统设计工具需要完成的工作。在缺乏标准约束的情况下，BIM 设计过程中虽然创建了大量的数据，但数据缺乏有效的归类，数据之间缺乏组织与联系。同时，因为设计师个人习惯不同会造成数据参数设置差异，导致合成的模型表达混乱，引发识图困惑。

从设计层面看这样的应用很难实现由 BIM 协同给设计工作带来效率的提升，从项目层面看，也很难从设计的模型中提取更多对其他项目参与方有价值的信息。

3. 数据安全问题

利用 BIM 设计一个有一定难度的项目，通常需要多个软件（包括设计软件和分析软件）配合完成，而为了更好地整合这些软件的成果，达到便于协同的目的，又需要一个共同的平台（常见的如 Autodesk Revit 平台），以保障各种数据信息能实时更新。

但在实践的过程中，由于一个平台承载了非常多的信息，协作中的权限设置不当、病毒感染、设计团队成员或其他外来人员的误操作、软件稳定性等因素都有可能影响整个设计团队的工作。也就是说某一专业文档的数据不安全，不再只单纯地影响本专业的设计成果，而有可能造成其他专业设计成果的损坏或文档的丢失。所以更先进、更安全的数据保存、备份方法应受到建筑设计企业的重视。

4. 设计协同问题

与传统建筑工程设计管理中存在设计协同问题不同，BIM 首先极大地提高了设计工具的协同能力，BIM 理念也使设计师的协同意识不断增强，但协同工作增多后也带来了一些新问题。

从建筑设计企业内部来看，首要问题是谁来领导协同。如果以某一专业来领导，一方面会造成该专业的工作量大大增加，另一方面则可能协同领导者为了维护本专业的利益（通常表现为减少本专业的工程图纸修改量）推卸一些本属于自身专业的问题从而影响设计的整体质量。如果由各专业选派代表组建协同设计团队，或者外聘专业的 BIM 咨询团队，由于该团队的主要任务就是设计检查，每天都会有大量的设计问题被发现，有些细枝末节问题其实并不影响设计质量，但商讨各种问题解决方法的协同会议会因此频繁地召开，甚至严重影响到设计进度并使设计师对协同设计产生抵触情绪。

从设计方与其他项目参与方的协同来看，尽管各方都普遍赞成在设计阶段加强施工方、设备供应商、运营方的参与，以尽可能地在设计阶段规避建造、运营过程中潜在的问题。但通过实践设计师会发现，设计难度因为更多项目参与方的介入而大大增加，设计进度也因为各种协调会议被打乱。多方参与、各阶段工作穿插会导致多种设想比选、多种矛盾压力都集中于 BIM 设计阶段。如果此类 BIM 项目的设计周期没有被适当放宽，设计费用没有相应的提高，设计师同样会对设计的协同产生抵触情绪。

5. 设计流程问题

在 BIM 应用的初级阶段，设计流程并没有发生太大改变，方案设计阶段、初步设计阶段、施工图设计阶段的划分还是十分明确的，但是为了更好地发挥 BIM 的协同作用，一些企业开始注重在各设计阶段内的专业协同，图 6.4-1 所示的就是一种 BIM 初级阶段常见的设计流程。与传统模式下的三阶段设计流程相比（图 3.1-1），主要变化体现为：

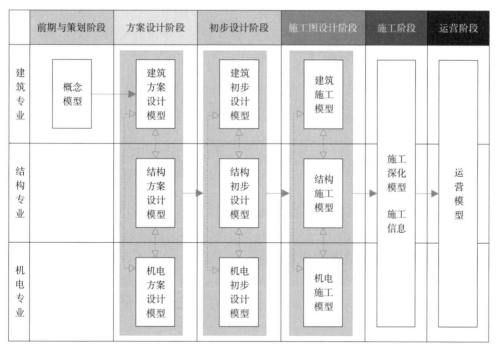

图 6.4-1　BIM 应用初级阶段的设计流程

（1）基于三维 BIM 模型的设计模式代替了基于二维图纸的设计模式。

（2）BIM 模型贯穿设计全过程，并随着设计阶段深入不断被完善。

（3）各个设计阶段的成果包括对应深度的二维图纸和 BIM 模型。

（4）施工阶段，BIM模型根据施工要求继续加以深化，并在模型中记录完整的施工信息。

（5）项目竣工后，除了递交竣工图纸，还需提交BIM模型；该模型不仅应包含项目设计、施工阶段的全部信息，还可继续服务于运营阶段，并根据运营要求可以继续深化。

采用这种流程的一个重要原因是目前BIM的应用还受制于相关软硬件的水平。简单地说，目前多数BIM软件对计算机配置的要求非常高，而且所谓的顶级配置计算机也很难承载一个规模过大的项目。

所以在这种条件下，设计师首先会确定一个设计原则（如控制项目原点坐标），然后不同专业各自建模，有些规模巨大的项目甚至在同一专业内也需要分区建模。在复杂设计节点或关键时间节点上，采用"链接（Link）"模式对设计成果进行整合或者将设计成果导出到一个专门的软件（如Autodesk NavisWorks）中进行协同工作。当一个阶段的协同作业都顺利完成之后，再进入下一阶段的设计工作。

这种方法的优点是可以有效地避免各专业在同一文件下共同作业对硬件造成的负担，但缺点表现在以下两个方面。

（1）该流程下的设计协同是定期进行的而不是实时存在的，尽管协同手段已强于传统建筑工程设计模式下的协同手段，但依旧容易出现因设计失误太晚被发现而带来返工的问题。

（2）该流程的阶段划分依旧十分明确，设计师为了确保设计质量，在各个阶段已花费了大量的时间进行协同。但由于各阶段的目标并不相同，设计初期考虑的问题有时也不够周全，随着项目的深入，一些新的问题，特别是与可施工性相关的问题会暴露出来。而此时要再做修改，也将造成大量的返工。

6.设计进度问题

在传统建筑工程设计管理中，设计进度就已经是一个非常突出的问题了。在设计进度被制定后，建筑设计企业往往缺乏控制进度、优化进度的手段，进度落后时，也只能依靠增加人力或大量的加班来弥补。

而在使用BIM后，更多的协同工作、更高的设计要求以及对新软件、新的工作方式的适应，都使建筑设计企业更加难以准确预估BIM项目的设计周期，也更加难以对设计进度进行控制。

7.设计成本问题

设计成本问题可以从两方面来看。

从设计活动的生产成本来看，建筑设计企业作为知识型生产企业，其主要成本来自于人工费用、人才培养和技术研发投入。但很多企业并不愿意为人才培养和技术研发投入大量资金。根据相关调研，许多国内建筑设计企业在创建BIM团队的初期，通常还是会请软件公司或相关的专业技术人员为员工进行一些短期的培训，但在短期培训之后，BIM 团队的员工就只能依靠团队内部的自学和交流来提高相应的业务能力。而像一些有实力的外国建筑设计企业为员工提供长期的技能培训并成立专门的技术研发中心的做法，在国内是比较少见的。从短期看，减少人才培养和技术研发投入的做法节省了企业的开销，并且不会对企业的争取项目的能力造成太大的影响。但从长远看，这势必会影响企业的创新能力，企业的市场地位也会逐渐被一些更注重人才培养和技术研发的企业所取代。

从整个建设工程项目的成本角度看，BIM 在建筑设计中的应用完全存在优化设计、减少变更、提高建筑性能、降低项目成本的潜能。但要发挥这一潜能，业主就必须要认同建筑工程设计的价值。在我国，多数业主希望将设计费用控制在项目总投资的 5% 以内，有的项目设计费用甚至不足项目总投资的 1%。而低廉的设计费用很难激励建筑设计企业为项目投入更多人力和时间进行优化。

8. 设计质量问题

目前，国内一些设计院有"两条腿走路"的状况，为了应付业主，先初步建立一个外表光鲜的建筑模型，然后从模型中导出 CAD 图，再进行后续的施工图设计，以实现设计快速化、效益最大化。在 BIM 模型设计过程中，对于外观细节处理花足工夫，而对于内在的设计则很随意。即使有经验的业主在审查方案时，进入模型内部观察，也无法察觉出隐蔽的设计问题。

还有的设计院，因为 BIM 应用能力不足或者赶进度，先用传统的 CAD 方式完成施工图，最后进行 BIM 模型设计（即翻模型 BIM）。虽然此类 BIM 模型仍具有碰撞检查、管线综合等用途，但由于开始创建 BIM 模型的时候项目已经开始施工，而建模的进度有时甚至慢于施工的进度，导致此类 BIM 模型对工程本身几乎没有价值。如此功利化的方式，显然不能全面发挥 BIM 技术的优势。

6.4.2　基于 BIM 的设计管理的改进措施

1. 制定 BIM 应用计划

在设计过程早期，尽早制定一个针对项目需求、详细而全面的 BIM 应用计划，明确 BIM 技术的应用范围、应用目标和应用流程等。如果项目全程应用 BIM 技术，则应用计划需对项目全生命期各阶段的 BIM 应用进行总体规划。

一个详细的 BIM 应用计划，不仅可以作为合同谈判的条款，明确项目各参与方的责任和目标，同时也是各项管理工作的标准和指南。BIM 设计管理人员需综合考虑项目特点、项目进度、项目成本等因素，制定 BIM 应用计划，并且秉承这样的宗旨：BIM 不是目标，只是手段。BIM 应用计划应该务实、有效，避免浮夸、冒进。

2. 规范 BIM 软件选择标准

（1）选择兼容性较强、具备 IFC 格式输出能力的软件。目前市场上 BIM 主流核心建模软件包括 Autodesk 公司的 Revit 系列、Bentley 公司的 MicroStation 以及 Graphisoft 公司的 ArchiCAD 等。

（2）根据建筑设计企业自身的特长或所承接的项目特点选择软件。例如以民用建筑设计为主的建筑设计企业可选择 Autodesk Revit 系列；以工厂和基础设施设计为主的可选用 Bentley 的产品；单专业建筑事务所，特别是以建筑专业为主的事务所，可考虑使用 ArchiCAD。

（3）根据特殊需求选择效率最高的软件。例如，当建筑形体较为复杂、存在大量曲面时，就需要借助一些造型能力较强的软件，如 Rhinoceros、Grasshopper。如果项目存在大量的钢结构深化工作，可以选择 Tekla Structure（Xsteel），该软件能对钢结构进行详细的设计，并能生成钢结构加工所需的材料表、数控机床加工代码等。

3. BIM 设计团队改进

（1）在 BIM 软件技术团队组建过程中，应注重对技术人员软件开发能力、使用能力、设计经验等进行考察，同时，明确 BIM 软件技术团队任务，即负责 BIM 建模、碰撞检测等设计管理事项，并需与设计团队配合，对建筑工程设计进度进行把控，最终在设计团队与软件团队相互学习的基础上，高效完成设计管理任务。

（2）在 BIM 设计团队组建过程中，应以设计经验、BIM 软件使用经验为标准，对 BIM 设计团队成员进行选择，同时，确保 BIM 设计团队对 BIM 工作范围、工作深度具备一定了解，然后，通过研发奖金、季度奖金、年终奖金等形式，激励 BIM 设计团队工作热情，更好地投入技术和方法创新活动中，增强设计企业建筑工程设计水平。

（3）在 BIM 设计期间，应针对设计团队协作意识进行培训，即在培训期间，指导 BIM 团队在工程设计中，突破本专业的限制，站在设计、施工、运营等多个专业角度，对施工图纸等进行规划，从根本上避免协作冲突和自私心理。

4. 数据安全改进措施

（1）文件夹权限

对项目文件夹设置访问和修改权限，一方面能明确设计参与者的职责，另一方面能避免一些越权的误操作导致设计成果受到破坏。过于严格的文件夹权限不利于提高设计效率，但一些原则性的权限是必不可少的。

例如，存放项目的基本信息、重要的通知、会议纪要等文件的文件夹，应该只有项目负责人具备可写权限，专业负责人和设计人员只应有只读权限。

又如存放各专业提交的归档文件（包括 DWG 图纸文件和 PDF 图纸文件）的文件夹，应只为各专业的专业负责人提供可写权限，项目负责人和设计人员仅有只读权限。

此外，各专业的设计人员不得有其他专业工作文件夹的可写权限，以避免在进行图纸参照时对其他专业图纸做出误修改。

（2）文档管理平台

虽然如今服务器的安全性、稳定性都十分可靠，但对于一些重大项目，选用更先进、更安全的云端文档管理平台仍是有必要的。例如 Autodesk Buzzsaw 软件，便是基于云技术的文档管理平台。Autodesk Buzzsaw 软件能使项目团队更为集中、安全地进行数据交换、同步，提高设计协作效率，还能支持 BIM 工作流程。该平台不仅能对文档进行保存、备份、同步，而且通过云端，项目参与各方还可以随时随地通过计算机或其他移动设备浏览自身权限内的最新工程图纸。

5. 设计流程优化方式

清华大学 BIM 课题组在其所编著的《中国建筑信息模型标准框架研究》一书中，提出了一种 BIM 深化阶段设计流程（图 6.4-2）。该流程与 BIM 初级阶段设计流程（图 6.4-1）相比，BIM 成为整个设计阶段中所有设计行为的载体，各专业、各设计阶段的界限都更加模糊。

在此流程下，各专业间的协同进一步加强，设计过程更加严谨，但同时也对相关软硬件提出了更高的要求。

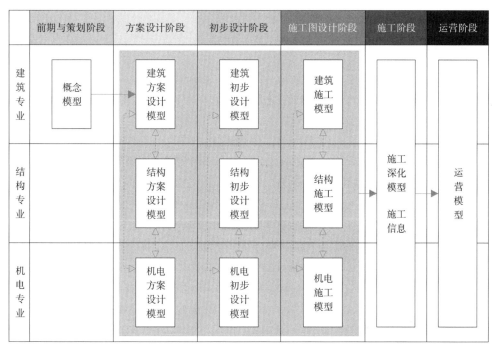

图 6.4-2　BIM 深化阶段设计流程

　　当然，基于 BIM 的设计流程不能仅考虑建筑设计企业内部的协同，还应重视项目参与各方的协同。以加强设计的可施工性为例，上海中心大厦在 BIM 实践的过程中，就总结出一套适用于建设单位、设计单位、BIM 顾问单位、总承包商和分包商共同协作的深化设计流程（图 6.4-3）。

　　可以看到，BIM 在设计中的应用并不局限于设计企业的应用，更延伸至施工阶段，在建设工程项目特别复杂的情况下，由工程总承包商主导的 BIM 设计应用，甚至还能更好地保证设计的可施工性。这既是多数发达国家和地区建筑工程设计的行业现状，也是我国建设工程项目发展的方向。

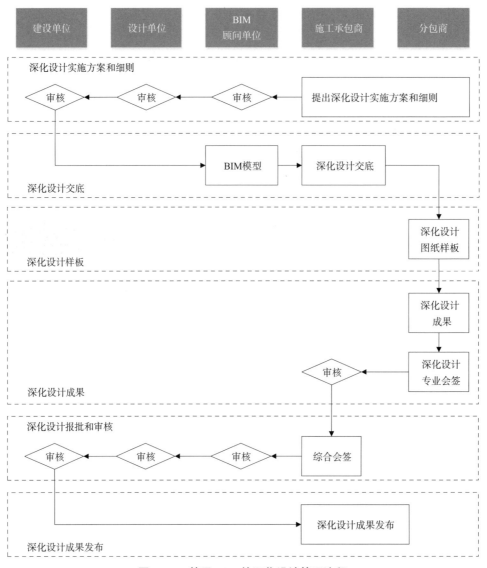

图 6.4-3　基于 BIM 的深化设计管理流程

6. BIM 模型审核与管理机制

BIM 模型的审核是确保最终模型准确性的重要手段。审核的主要目的是保证模型与设计图纸、现场施工一致。模型审核的具体实施方法可以由总承包方主持，安排固定例会及不定期会议，根据建模进度，召集各专业技术负责人及现场工程师共同审核模型。若模型存在问题，则由建模团队根据各专业单位工程师建议及各专业图纸进行模型修改，直至模型审核无误。

为了保证 BIM 模型与最新版本图纸一致，需确保审核模型时有图可依。具体实施方法是：建立各专业图纸管理台账和设计文件管理台账，台账中需详细记录各专业图纸版本、设计文件接收日期以及图纸和设计文件的下发日期。新版图纸下发前，需同步更新模型。原则上，图纸和模型都完成修改且审核无误后，新版图纸才可以正式下发。

7. 协同平台的工作机制

BIM 项目中，设计信息储存在中央数据平台，所有团队成员都面对中央数据平台工作，形成多对一的协同模式。当某个专业信息更新到中央数据平台时，其他成员都可以即时地看到和引用。为了明确信息的指向性，需要设置三个补充机制。

（1）制定详尽的建模计划。整个流程中阶段性数据都需经过事先约定，并放在一个统一的时间轴上。每个成员都应充分了解设计流程和节点。

（2）必要的推送机制。对有待解决的信息加以标记，定时推送给相关人员。必要时还可以结合其他设计办公管理系统（如 ACE Teamwork），完成信息推送。

（3）数据审查机制。按照流程计划定期检查数据的完整程度，保证设计协同的正常运行。

当信息产生时，意味着相关设计人需要对信息进行处理和反映，决定是否重启优化设计流程，解决相关问题。反馈信息的传递可以归结为两种方式：一种为传统的"一对一"或"一对多"的方式，由信息的提供人直接传递给接收人，待设计更改后，再将信息返回给提供人和相关团队成员；另一种为首先将反馈信息传递给中央数据平台，由专人（BIM 经理）进行汇总和标记，然后定时推送给接收人，此时该信息处于受理状态，当设计修改后，更新的构件应带有明显的时间或属性标记，以强调修改部分的内容。当设计人将修改信息推送至数据中心后，BIM 经理需确认模型已更新在中央数据平台上，将受理状态的信息改为完成，并向团队推送更新提示。

第一种方式便捷灵活，第二种方式可追溯性更强，可以根据设计阶段的不同和修改内容的重要性结合运用。需要注意的是，由于模型信息的即时可见性，在专业模型更新至中央数据平台时有必要通过设计人或 BIM 经理的确认，避免某些过程模型或临时文件对协同者造成迷惑和困扰。

8. 采购、施工阶段的配合机制

对于精度要求较高的模型，需要在模型中添加现场施工材料、设备的各类信息，由于初步模型、深化模型往往在施工前完成，这时就存在设备材料尚未确定的情况。在竣工模型的完善过程中，需要各专业单位及时将现场使用的材料信息、安装的设备信息提交至建模团队。由于工程中的专业多、材料多、设备多，若不能按工程进度及时提交模型信息资料，会导致后期较大的工作量，因此需建立设备材料信息提供机制。具体的实施方法可以安排各专业单位材料工程师在提交设备、材料进场验收资料时，一并将各类信息提交至建模团队。

同时，各专业单位现场施工过程中不可避免会出现误差或者与设计图纸不符等情况，由于 BIM 模型必须与现场施工保持一致，所以上述情况必须有相应的信息反馈。根据现场出现的各类情况更新 BIM 模型，同时也可以用模型来审核现场施工是否合理可行，若可行则经业主、设计同意后进行相应流程变更，若不可行则施工现场按设计要求整改。具体实施方法可以安排各专业单位的现场工程师以日报、周报的形式，在固定的例会中对现场信息进行反馈。

9. 建立企业 BIM 标准体系

建立企业 BIM 标准体系，作为企业 BIM 项目开展的统一指南，从而促进企业 BIM 技术应用的标准化、规范化。企业的 BIM 标准应包括 BIM 技术标准和 BIM 实施标准，可以借鉴国外的 BIM 标准和我国已完成或将来完成的 BIM 标准，同时结合企业的 BIM 应用经验及时进行补充和更新。

BIM 标准体系中，最核心的资源是 BIM 资源库。BIM 资源库一般是指企业在 BIM 应用过程中开发、积累并经过加工处理，形成可重复利用的 BIM 模型及其构件的总称，包括 BIM 模型库、BIM 构件库、BIM 户型库等。建立企业统一的 BIM 资源库，将大大降低企业 BIM 应用的成本，促进资源共享和数据重用。采用标准构件、标准规则建模，不仅可以实现单个项目内设计模型的共享，还可以为后续其他项目、其他设计人员积累素材。

建立企业自己的 BIM 构件库时，应考虑设计阶段的 BIM 策划和最终成果需满足施工阶段进一步深化和应用的要求。为此，BIM 模型参数属性的设置应充分考虑模型在施工阶段的应用，即设计阶段作为 BIM 应用的前期阶段，要做好充分的策划，为进一步应用打好基础。

对于特殊的结构形式，如预应力钢结构，其通常具有拉索、索夹、耳板、复杂节点等构件，并且其结构形式变化多样，空间性较强，如果建立此类结构的 BIM 模型，将需要建立这些特殊构件的族库。单个项目中建立的类似 BIM 构件经审核后，应及时纳入企业 BIM 资源库，为后续其他项目服务。

在中建八局实施的万达项目中，业主就建立了自己的 BIM 标准体系，如表 6.4-1 所示。项目全周期的 BIM 应用均按照此标准执行。因为有了统一的标准，项目各参与方可以按部就班、有条不紊地推进各自的 BIM 任务，有效提升了 BIM 应用的效果。

万达 BIM 管理标准体系 表 6.4-1

分册	第一分册：BIM 管理标准	第二分册：BIM 平台标准	第三分册：BIM 设计标准
章节	BIM 标准体系管理规范 BIM 操作标准	BIM 构件分类与编码标准 BIM 交互与协同标准 BIM 模型管理标准 BIM 文件管理标准	BIM 标准模型 BIM 构件库（族库）标准 BIM 系统编程标准规范 BIM 运维保障体系标准 BIM 基础设施建设标准 BIM 信息安全管理标准

6.5 小结

本章对基于 BIM 技术的工程总承包设计管理方法进行梳理总结，要点归纳如下。

（1）建立基于 BIM 的设计管理组织架构。短期内可在项目组织架构中单独成立 BIM 工作组，负责 BIM 模型在设计阶段的协调；考虑长远发展，随着 BIM 应用的普及，设计管理人员都应具备 BIM 管理能力，此时不再需要单独设置 BIM 工作组。

（2）建立基于 BIM 的设计管理流程。BIM 技术引入设计过程后，各阶段的设计成果不仅包括传统的二维图纸，还包括新增的 BIM 模型。各阶段的设计管理流程也需要作出相应的调整：图纸、模型均达到对应深度且检查合格后，方可进行下一阶段的设计工作。

（3）BIM 模型审查。定期审查设计人员提供的专业模型，主要关注模型功能、模型精度、碰撞检查及其他专项分析是否满足要求。

（4）协同管理。利用 BIM 协同平台，完成各专业间的协同设计，以及设计与采购、施工之间的信息交流和相互配合。

本章参考文献

[1] 中建《建筑工程设计 BIM 应用指南》编委会. 建筑工程设计 BIM 应用指南 [M]. 北京：中国建筑工业出版社，2014.

[2] 刘占省，赵明，徐瑞龙.BIM 技术在建筑设计、项目施工及管理中的应用 [J]. 建筑技术开发，2013，40（3）：65-71.

[3] 尹航. 基于 BIM 的建筑工程设计管理初步研究 [D]. 重庆：重庆大学，2013.

[4] 尚其伟. 基于 BIM 的建筑工程设计管理初步研究 [J]. 居业，2015（18）：39-40.

[5] 袁晓. 基于建筑信息模型 BIM 的建筑设计管理模式 [J]. 上海建设科技，2014（5）：61-65.

[6] 范兴家，吴文高，李慧. 浅谈市政设计企业的 BIM 技术应用 [J]. 中国市政工程，2015，177（1）：47-49，101.

[7]　刘素琴. BIM 技术在工程变更管理中设计阶段的应用研究 [D]. 南昌：南昌大学，2014.

[8]　张晓菲，李嘉军，王凯，等. 基于 BIM 的复杂项目群体设计协调管理方式研究——后世博 B 片区项目群体为例 [J]. 土木建筑工程信息技术，2014，6（5）：81-88.

[9]　易晓园，刘钒颖. 基于 BIM 技术的建筑工程设计管理 [J]. 经营管理者，2014（34）：360.

[10]　孙永悦. 项目设计管理中 BIM 的运用与完善 [J]. 建筑，2013（2）：61-62.

[11]　谭春莲. 基于 BIM 技术的设计管理 [J]. 建筑设计管理，2015，217（3）：73-74，83.

[12]　洪华玉. 基于 BIM 的 HP 公司幕墙设计管理改进研究 [D]. 北京：北京工业大学，2016.

[13]　许蓁. BIM 设计协作平台下反馈信息的流程管理分析 [J]. 建筑与文化，2014（2）：34-37.

[14]　伍文峰. 关于 BIM 下的建筑工程设计管理探讨 [J]. 建材装饰，2016（9）：180-181.

[15]　张少骏，卢闪闪，王琦. 大型综合工程总承包模式下的 BIM 实施应用 [J]. 建筑施工，2015，37（3）：379-381.

CHAPTER 7

第7章

总结与展望

7.1 总结

本书致力于总承包模式下设计管理工作的研究，从施工型企业角度出发，充分考虑企业转型发展的需求，结合工程项目设计管理特点，通过文献归纳和项目调研，提出了基于总承包模式下的设计管理方法。

1. 提出了施工型工程总承包企业在转型期、成熟期以及联合体模式下的设计管理组织架构

（1）转型期的设计管理组织架构直接由施工总承包模式演变而来，该组织架构改动较小，基层项目部接受度较高。设计管理部由设计经理负责，与技术部一起接受项目总工的领导。

（2）随着总承包业务的不断发展和设计职能的不断完善，设计管理部门在项目组织架构中的地位也相应提升，在成熟期的设计管理组织架构中，设计经理全权负责设计管理相关工作，由项目经理直接领导。

（3）联合体投标也是目前常见的一种方式。与设计院组成联合体中标后，设计管理部门由联合体双方商议后共同派人组建，由设计经理带领设计管理部执行对设计部门的管理工作。

2. 按照常规的设计阶段划分，提出了适用于基层项目部的分阶段设计管理流程，归纳了各阶段的设计管理工作要点

（1）前期策划阶段：总承包项目的投标团队应包含专业的设计人员和设计管理人员，对招标文件中设计相关的内容进行研究，并完成投标方案设计。

（2）方案设计阶段：设计管理人员根据项目前期批准文件编制设计任务书等设计要求文件，并组织设计招标工作。在设计部门或设计分包确定后，进行设计方案比选并对中选方案进行优化，将最终的设计方案报送至政府规划主管部门审批，以获得建设规划用地许可证。

（3）初步设计阶段：在获批的方案设计的基础上，设计管理人员组织地勘单位进行初步勘察，协调设计单位完成初步设计。在对初步设计内容进行内审优化后，将其报送至政府相关主管部门审批。

（4）施工图设计阶段：在初步设计审批通过后，设计管理人员组织地勘单位进行详细勘察，协调设计单位完成施工图设计。在对施工图设计文件进行内审优化后，将其报送至审图机构和政府相关主管部门。

3.梳理总结了工程总承包模式下采购阶段的设计管理工作要领

（1）设计协调。协调设计部门、设计分包完成采购相关工作，例如在采购开始前提供招标图纸，采购过程中对制造厂商提供的详细制造图纸进行审查确认，采购过程中及采购完成后根据设计进度和实际采购结果及时更新设计图纸等。

（2）设计审查。审查设计部门、设计分包提供的招标图纸，避免图纸漏项或深度不足；审查制造厂商提供的详细制造图纸；审查因采购引起的设计变更或图纸更新并将最新图纸发送给相关单位。

（3）采购管理协助。协助采购部门完成采购管理工作，例如采购计划编制、拆包封样、采购招标、采购变更管理、材料设备检验、不合格品控制等。

4.梳理了工程总承包模式下施工阶段的设计管理工作要领，归纳并提出了系统性的设计施工"双优化"措施，提出了深化设计管理流程

施工阶段的设计管理工作要领主要包括：

（1）设计会审和设计交底。施工前组织设计、监理、施工管理部门、施工分包进行施工图设计会审和设计交底（条件允许的情况下，设计会审可提前至施工图完成后、外部送审之前进行；设计交底在施工图外审完成后、施工开始前进行）。

（2）设计例会制度。定期召开设计例会（一般一周一次），协同施工管理部门做好施工过程中的相关设计接口工作，处理设计与施工质量、进度、费用之间的接口关系。

（3）设计变更管理。严控工程变更；对确有必要的变更，协调设计单位修改设计文件并进行审核，随后及时向有关各方签发设计变更通知书。如变更造成工程量、施工进度或费用的变化，还应与施工管理部、采购管理部等相关部门进行沟通。

（4）施工管理协助。协助施工管理部门完成施工管理工作，例如：召开专项技术会或重大技术方案研讨会、设计驻场服务、隐蔽/单位/单项工程验收、工程质量事故分析处理等。

5.梳理总结了基于BIM技术的设计管理在工程总承包项目中的应用方法

（1）建立基于BIM的设计管理组织架构：短期内可在项目组织架构中单独成立BIM工作组，负责BIM模型在设计阶段的协调；考虑长远发展，随着BIM应用的普及，设计管理人员都应具备BIM管理能力，此时不再需要单独设置BIM工作组。

（2）建立基于 BIM 的设计管理流程：BIM 技术引入设计过程后，各阶段的设计成果不仅包括传统的二维图纸，还包括新增的 BIM 模型。各阶段的设计管理流程也需要作出相应的调整：图纸、模型均达到对应深度且检查合格后，方可进行下一阶段的设计工作。

（3）BIM 模型审查：定期审查设计人员提供的专业模型，主要关注模型功能、模型精度、碰撞检查及其他专项分析是否满足要求。

（4）协同管理：利用 BIM 协同平台，完成各专业间的协同设计，以及设计与采购、施工之间的信息交流和相互配合。

6. 按照课题的研究成果，以中建八局两个已经完成的工程总承包项目为研究对象，从设计管理目标、组织架构、管理要领、实施过程逐一进行对标分析，总结优势与不足，可为其他项目的实施提供参考

以上研究成果均是在认真调研、深刻总结工程总承包项目开展经验的基础上取得的，研究成果可以作为相关单位管理储备，使相关单位在设计管理方面走在建筑行业的前列。

7.2　展望

随着建筑业和施工技术的突飞猛进，随着 EPC 项目、PPP 项目等新兴模式的涌现，行业主管部门和业主对施工管理、建筑产品等的要求日益加码；建筑行业也对总承包管理提出了更高的标准和定位。全面推行工程总承包管理，提升设计、计划和专业管控能力，进一步引领总承包管理全面、持续提升。这既是契合国家、行业和市场的要求，也符合行业转型发展的需要。

设计管理是工程总承包管理的重要环节。提升设计管理能力，对于施工型企业提升综合实力、实现转型突破至关重要。通过加强设计管理，转变工程管理模式，企业可以实现节约成本、缩短工期、提高工程质量等多重目的，产生直接或间接的经济效益，进而在行业内提升影响力和竞争力。

另外需要指出的一点是，提升设计管理能力并不等同于发展设计能力。与设计型工程总承包企业相比，施工型工程总承包企业设计力量分散、设计管理体系薄弱，更要集中力量提升设计管理能力，尽快建立健全设计管理体系，打造一支设计管理的精干部队，并充分发挥自身在施工总承包项目中积累的深、优化经验，才能在工程总承包市场中赢得差异化竞争优势。设计型工程总承包企业大多提倡"以设计为龙头"的工程总承包模式；对于施工型工程总承包企业而言，则应该结合自身优势发展"一体化深度管理"的工程总承包模式。

随着国内建筑市场对总承包模式的逐渐认可。未来我们将面对更多的机遇和挑

战。同时，BIM 技术的不断推广也将从根本上改变工程管理理念和管理模式。从长远来看，我们仍需要不断总结经验，努力提升实力，在巩固和保持国内市场的同时，也为进一步开拓国际市场、与世界顶级承包商竞争做足准备。